はずれ者が進化をつくる

生き物をめぐる個性の秘密

稲垣栄洋 Inagaki Hidehiro

★――ちくまプリマー新書
353

目次＊Contents

イラスト・花福こざる

はじめに

「個性の時代」と言われます。「個性的であれ」と言われます。「個性を活かせ」、「個性を磨け」と言われます。

しかし、「個性」とはいったい何なのでしょうか。

個性とは、自分らしさです。しかし、それでは自分らしさとは、一体何なのでしょうか。

個性の時代を生きる私たちは、時に自分らしさを見つけられずに悩みます。そして、時に個性的でないことに悩みます。

「個性」とは、いったい何なのでしょうか。

生物の世界を見てみることにしましょう。

生物の世界では、「個性」という言葉は、「多様性」という言葉に置き換えられるかもしれません。

多様性とは、「いろいろなものがある」ことです。いろいろな種類があったり、いろいろな性質があることを多様性と言います。

私たちも、民族の多様性や文化の多様性、地域の多様性、価値観の多様性というように「多様性」という言葉をよく使います。

生物の世界は「多様性」にあふれています。

生物の多様性という言葉があります。

たとえば、自然界にはさまざまな生物がいます。ゾウやライオンがいます。カブトムシやセミがいます。タコやヒラメもいます。このようにさまざまな性質を持つさまざまな生き物がいます。これが生物の「種の多様性」です。

そして、さまざまな生物は関係しあって、さまざまな生態系を構成します。たとえば、ゾウやライオンは草原で生態系を作ります。カブトムシやセミは森の生態系を作ります。タコやヒラメは海の生態系を作ります。もちろん、草原や森や海にも、地域によってさまざまな生き物たちが、さまざまな生態系を作っています。これが「生態系の多様性」です。

それだけでは、ありません。

たとえば、同じイヌという生物種の中にも、マルチーズや柴犬《しばいぬ》など、さまざまな犬種があります。イヌという一つの生物種の中にも、遺伝子の異なるグループがあるのです。

さらに、そのグループの中も見てみましょう。

同じマルチーズなのに、おとなしいイヌもいます。やんちゃなイヌもいます。人見知りしないイヌもいれば、臆病なイヌもいます。同じマルチーズという犬種であっても、性格はさまざまです。

このように同じ種類であっても、まったく同じものはなく、さまざまな種類や性質があるのです。これが「遺伝子の多様性」です。

このように生態系や生物種、遺伝子というそれぞれの段階で、生物は多様性を持っています。生物の世界は「個性」にあふれているのです。

生物の進化を遡っていると、人間も動物も昆虫も植物も、すべての生物は、ある共通の祖先にたどりつくと考えられています。この共通祖先となった小さな単細胞生物は「ルカ」と呼ばれています。

たった一種類の小さな微生物は、進化をしながら、さまざまな生物へと枝分かれをしていきます。あるものは植物として進化を遂げ、あるものは動物として進化を遂げます。あるものは魚として進化を遂げ、あるものは昆虫として進化を遂げます。こうして枝分かれを繰り返しながら、さまざまな生物が進化していったのです。そして、無数にある枝分かれの一本が、私たち人間につながっています。

こうして、たった一種類の微生物が元になって、こんなにも多様な生物の世界が作られました。そして、多様な生物種と多様な生態系と多様な遺伝子を創り上げてきました。

生物の進化は、まさに多様性を創り上げてきた「多様性の進化」でもあるのです。

こうして、つくられてきた「多様性」には、いったいどんな意味があるのでしょうか。そして、私たちに与えられた「個性」には、いったいどんな秘密が隠されているのでしょうか。

本書では、そんな個性の秘密を訪ねてみたいと思います。

なお本書は、若い読者に向けて書いたちくまプリマー新書としては『植物はなぜ動かないのか』『雑草はなぜそこに生えているのか』『イネという不思議な植物』に続く、四冊目の本となります。本書はこれら三冊の本からは独立した内容ではありますが、個性について説明する上で、わかりやすいエピソードについては、前作でも紹介した内容と同じものを取り上げました。前作からお読みいただいている読者の皆さんには、重複する内容となりますが、ご容赦いただければ幸いです。

一時間目　「個性」とは何か？

雑草を育てることは難しい？

皆さんは、雑草を育てたことがありますか？

雑草なら庭にいくらでも生えている……と思うかもしれませんが、そうではありません。実際に、種を播《ま》いて、水をやって、育てるのです。

雑草は勝手に生えてくるものであって、雑草を育てるなんておかしいですよね。

私は雑草の研究をしています。そのため、研究材料として雑草を育てることがあります。

雑草は放っておけば育つから、雑草を育てるのは簡単だ、と思うかもしれません。ところが、それは大間違いです。雑草を育てるのは、じつはなかなか難しいのです。

雑草を育てることが難しい理由は、私たちの思うようにいかないからです。

何しろ、種を播いても芽が出てきません。

野菜や花の種であれば、種を播いて水をやり、何日か待っていれば芽が出てきます。ところが、雑草は違います。種を播いて水をやっても、いくら待っても芽が出てこないことがあるのです。

野菜や花の種は、人間が発芽に適していると考えた時期をあらかじめ想定して、改良されています。そのため、野菜や花の種は人間のいうとおりに芽が出るのです。一方、雑草は芽を出す時期は自分で決めます。人間のいうとおりには、ならないのです。

また、野菜や花の種であれば、一斉に芽を出してきます。ところが、雑草は芽が出たとしても時期がバラバラです。早く芽を出すものがあるかと思えば、遅れて芽を出すものもいます。忘れた頃に芽を出してくるものもあれば、それでも芽を出さずに眠り続けているものもあります。やっと芽を出しても、足並みが揃《そろ》っていません。

早く芽を出すせっかちもいれば、なかなか芽を出さないのんびり屋もいます。このバラバラな性格は、人間の世界では「個性」と呼ばれるものかもしれません。

雑草はとても「個性」が豊かです。そういえば、聞こえはいいですが、結局バラバラで扱いにくい存在です。そして、個性ある雑草たちは育てにくい存在でもあるのです。


それにしても、どうして、雑草は芽を出す時期がバラバラなのでしょうか。植物にとっては、早く芽を出したほうが成長するためには有利な気もするのに、どうして雑草には、ゆっくりと芽を出すような性格のものがあるのでしょうか？

遅く出る芽に価値はあるのか？

皆さんは、「オナモミ」という雑草を知っていますか。

トゲトゲした実が服にくっつくので「くっつき虫」という別名もあります。子どもの頃に、実を投げ合って遊んだ人もいるかもしれません。

オナモミの実は知っていても、この実の中を見たことのある人は少ないのではないでしょうか。

オナモミの実の中には、やや長い種子とやや短い種子の二つの種子が入っています。二つの種子のうち、長い種子はすぐに芽を出すせっかち屋さんです。一方の短い種子は、なかなか芽を出さないのんびり屋さんです。

オナモミの実は、性格の異なる二つの種子を持っているのです。

それでは、このせっかち屋の種子とのんびり屋の種子は、どちらがより優れているのでしょうか。

オナモミの実の中

そんなこと、わかりません。

早く芽を出したほうが良いのか、遅く芽を出したほうが良いのかは、場合によって変わります。

「善は急げ」というとおり、早く芽を出したほうがいい場合もあります。しかし、すぐに芽を出しても、そのときの環境がオナモミの生育に適しているとは限りません。「急《せ》いては事をし損じる」というとおり、遅く芽を出したほうがいい場合もあります。だから、オナモミは性格の異なる二つの種子を用意しているのです。

雑草の種子の中に早く芽を出すもの

があったり、なかなか芽を出さないものがあったりするのも、同じ理由です。

早いほうがよいのか、遅いほうがよいのか、比べることに何の意味もありません。オナモミにとっては、どちらもあることが大切なのです。

芽を出すことが早かったり遅かったりすることは、雑草にとっては、優劣ではありません。雑草にとって、それは個性なのです。

しかし、早く芽を出すものがあったり、遅く芽を出すものがあったりすると、いろいろと不都合もありそうです。芽を出す時期は揃っているほうが良いような気もします。

バラバラな個性って本当に必要なのでしょうか？

自然界は個性にあふれている

バラバラな性質のことを「遺伝的多様性」といいます。

個性とは「遺伝的多様性」のことです。多様性とは「バラバラ」なことです。

しかし、どうしてバラバラであることが良いのでしょうか。

皆さんは、学校で答えのある問題を解いています。問題には正解があり、それ以外は間違いです。

ところが自然界には、答えのないことのほうが多いのです。

たとえば、先に紹介したオナモミに代表されるように、雑草にとっては、早く芽を出したほうがいいのか、遅く芽を出したほうがいいのか、答えはありません。早いほうがいいときがあるかもしれませんし、じっくりと芽を出したほうがいいかもしれません。環境が変われば、どちらが良いかは変わります。どちらが良いという答えがないのですから、「どちらもある」というのが、雑草にとっては正しい答えになります。

だから、雑草はバラバラでありたがるのです。どちらが、優れているとか、どちらが劣っているという優劣はありません。むしろ、バラバラであることが強みです。

そして、すべての生物は「遺伝的多様性」を持っているのです。

じつは人間の世界も、答えがあるようで、ないことのほうが多いのです。

本当は何が正しくて、何が優れているかなんてわからないのです。「もっと早くやりなさい」とスピードを評価してみたかと思うと、「もっとていねいにやりなさい」とゆっくりやることを褒めだしたりします。

人間の大人たちは答えを知っているようなフリをしています。そして、優劣をつけてわかったようなフリをして、「これは良い」とか、「それはダメだ」と言っています。

しかし、何が優れているかなんて、本当は知りません。

いや、本当は、どれが優れているということはないのです。

それを知っているからオナモミは、二つの種子を持っているのです。

タンポポの花の色に個性がない理由

しかし、不思議なことがあります。

先に書いたように、自然界では多様性が大切にされます。それなのに、タンポポの花はどれもほとんど黄色です。

紫色や赤い色をしたタンポポを見かけることはありません。タンポポの花の色に個性はありません。これはどうしてなのでしょうか。

タンポポは、主にアブの仲間を呼び寄せて花粉を運んでもらいます。アブの仲間は黄色い花に来やすい性質があります。そのため、タンポポの花の色は黄色がベストなのです。

黄色が一番いいと決まっているから、タンポポはどれも黄色なのです。

しかし、タンポポの株の大きさはバラバラです。大きなタンポポもあれば、小さなタンポポもあります。葉っぱの形もさまざまです。ギザギザに深く切れ込んだ葉っぱのものもあれば、切れ込みのない葉っぱのものもあります。

どんな大きさが良いかは環境によって変わります。葉っぱの形も、どれが良いという正解はありません。

そのため、タンポポの大きさや葉っぱの形は個性的なのです。

個性は当たり前のようにあるわけではありません。個性は生物が生き残るために作り出した戦略です。個性があるということ、つまりはなぜバラバラであるかといえば、そこに意味があるからなのです。

必要だから個性はある

人間はどうでしょうか。
目の数はどうですか？

目の数は誰もが二つです。これは人間にとって目の数は二つがベストだからです。同じように鼻の数にも、鼻の穴の数にも個性はありません。おそらく人間にとって鼻は一つ、鼻の穴は二つが一番良いのです。

目の数や鼻の数には個性はありません。

動物の目の数が二つなのは当たり前ではないかと思うかもしれませんが、そうではあ

りません。たとえば、多くの昆虫は二つの複眼の他に、三つの単眼という目があります。つまり、目が五つあるのです。

はるか昔の古生代の海には、目が五つの生き物や、一つ目の生き物も存在していました。しかし今、私たち人間の目の数は二つです。それは、目の数は二つがもっとも合理的で「目の数に個性はいらない」というのが進化の結論だったからなのです。

しかし、私たちの顔はみんな違います。誰一人として同じ顔はありません。垂れ目の人もいます。つり目の人もいます。目の大きな人もいます。目の小さな人もいます。もし、人間にとってベストな顔があるのであれば、誰もがその顔をしているはずです。いろいろな顔があるということは、どの顔が良いとか悪いとかではなく、いろいろな顔があることに価値があるのです。

性格も一人ひとり違います。得意なことも人それぞれ違います。

生物は必要のない個性を持ちません。私たちの性格や特徴に個性があるということは、その個性が人間にとって必要だからです。

ちなみに、自然界では花の色にバリエーションはありません。タンポポは黄色ですし、スミレは紫色です。昆虫を呼び寄せて花粉を運んでもらう野生の植物では、パートナーとなる昆虫を呼び寄せるためのベストな色があるのです。

ところが、花屋さんで売られている花や、花壇の花は、同じ種類でも色とりどりです。それは、人間が花を楽しむために品種改良をしているからです。同じ色の花ばかりよりも、さまざまな色の花があったほうが、きれいです。そのため、人間はさまざまな色の品種を作り出しました。本当は人間も、「いろいろあること」の素晴らしさを知っているのです。

ジャガイモの悲劇

一九世紀のアイルランドでのお話です。

この頃のアイルランドは、ジャガイモが重要な食料となっていました。ところが、歴史的な事件が起きました。

ジャガイモの疫病が大流行をして、アイルランド国中のジャガイモが壊滅状態になってしまったのです。このとき、食べ物を失った多くの人たちは祖国を離れて、開拓地であったアメリカ大陸に渡りました。その大勢の移民たちの力が、当時工業国として発展していたアメリカ合衆国をさらに押し上げ、つくっていったと考えられます。そのためジャガイモは、「アメリカ合衆国をつくった植物」とも言われています。

それにしても……どうして国中のジャガイモがいっぺんに病気になるような大惨事が起きてしまったのでしょうか。

その原因こそが「個性の喪失」にありました。

ジャガイモは、種芋で増やすことができます。優れた株があって、そこから採れた芋を種芋として植えていけば、優秀な株を増やすことができます。そのためアイルランドでは、その優秀な株だけを選んで増やし、国中で栽培していたのです。

それでは、「優秀な株」とは、いったいどんな株なのでしょうか？

アイルランドの人たちにとって、ジャガイモは重要な食糧でした。大勢の人口を支えるためには、たくさんのジャガイモが必要です。そのため、収量の多いジャガイモが「優れた株」でした。そして、収量の多いジャガイモの品種を増やして、国中で栽培していたのです。

収量が多いジャガイモの品種は、ジャガイモの中のエリートとして位置づけられます。しかし、その「優れた株」とされたジャガイモには、重大な欠点があったのです。それが、胴枯病《どうがれびょう》という病気に弱いということでした。

そして実際に一九世紀の半ばころ、その優秀なジャガイモは、この病気に侵されてしまうのです。

全国で、一つの品種しか栽培されていないということは、もしその株がある病気に弱ければ、国中のジャガイモがその病気に弱いということになります。そのため、アイルランドでは国中のジャガイモで胴枯病が大発生し、壊滅的な被害を受けたのです。

ジャガイモは、南米アンデス原産の作物です。南米のアンデスの歴史の中で、ジャガイモが壊滅するようなことは起こりませんでした。ジャガイモにはさまざまな種類があります。収量が多い品種もあれば、収量がやや劣っても病気に強い品種もあります。ある病気に弱くても、他の病気に強い品種もあります。このようにアンデスでは、さまざまなジャガイモを一緒に栽培していたのです。そのため、病気が発生して枯れる品種があっても、すべてのジャガイモが枯れてしまうようなことはありませんでした。

しかし、このような作り方では、収量を増やすことはできません。そこで、南米でジャガイモに出会った人々は収量が多いジャガイモを選んで、ヨーロッパに伝えました。そして、収量が多いジャガイモの中から、さらに収量が多いジャガイモを選び出し、エリートのようなジャガイモを作り上げていったのです。

自然界の植物には、個性があります。しかし、人間は「収量が多い」というたった一つの価値観でジャガイモを選び出しました。どんなに優秀であっても、個性がない集団はもろい。ジャガイモの事件は、個性の重要性を人間に見せつけたのです。

「個性」のまったくない世界

目の数は誰もが二つです。そこに個性はありません。

個性とは他者と違うことです。違うことが個性なのです。

違いがあるのですから、みんな同じではありません。見た目も違えば、考え方も、感じ方も違います。

もちろん、自分と気の合わないタイプもいます。嫌いなタイプもいます。多様性があるからです。

もし多様性さえなければ、みんな仲良くできるのではないでしょうか。

それでは、自分と違うタイプの人がいると、人間関係も面倒くさいので、世界中の人がみんなあなたと同じようなタイプの人だったとしましょう。それならば、みんなあなたと同じようなことを考えるはずですから、世界中の人が仲良くすることができるでしょう。戦争だってなくなるはずです。

しかし……本当にそれで良いのでしょうか。

あなたの好きなことは、世界中の人みんなが好きです。あなたの嫌いなことは、世界中の人みんなが嫌いです。お医者さんも、学校の先生も、ビルを作る人も、プロ野球の選手も、ケーキ屋さんも、車を修理する人も、農家も、漁師さんも、アイドルもファッションモデルもユーチューバーも総理大臣も、すべての仕事をあなたと同じ能力や性質を持つ人がやらなければなりません。

そんな世界が成り立つでしょうか。

手先の器用な人や、計算が得意な人や、走るのが速い人や、料理が上手な人や、いろいろな人がいて、初めて世界が成り立ちます。

もし、世界中の人があなたと同じタイプだったとしたら、どうでしょう。もしかすると人類はアイルランドのジャガイモのように滅んでしまうかもしれません。

個性と社会性

「個性的」という言葉があります。

個性的というのは、他の人と違ってユニークという意味で使われます。

しかし、「個性」とはユニークなことではありません。奇抜な格好をすることでもありません。ルールや常識を破ることでもありません。

個性は誰もが持つものです。誰もが生まれながらにして、個性的なのです。

ただ、「個性的」であろうとすると、普通の人と違った行動をしなければならないのでは、と考えてしまったりします。変わったことをするのが「個性的」ではないのです。

また、個性的であることは、ありのままの価値を認めることですが、だからと言って、何をしてもいいということでもありません。

たとえば、「勉強したくないのも個性だ」とか「いたずらするのも個性だ」という人もいます。

しかし、勉強しなかったり、いたずらをするのは、個性ではなく「行動」です。

私たちは個性的な存在であるのと同時に人間ですから、人間として守らなければならないルールもあります。人間社会の必要な知識もあります。ありのままに生きるということは、生まれたままで、漢字や九九を覚えなくていいということではありません。そして、好きなように悪いことをしていいということではないのです。

「個性」とは、生き抜くために与えられた能力です。個性は生きるためのあなたの武器です。

みんなと同じ制服を着ていても、みんなと整列していても、あなたの個性は失われることはありません。

むしろ、個性はその中でこそ輝いているものなのです。

たった一つの個性

ところで、この地球に生まれたあなたの個性は、世界でたった一つのものです。同じ個性は二つとありません。

たとえば、私たちは一人ひとり顔が違います。

似ている人がいるかもしれませんが、まったく同じ顔の人はいません。

しかし、世界には何十億人もの人がいます。そして、人類は何万年も世代をつないできました。本当に同じ個性は二つとないのでしょうか。

多様性は、どのようにして生み出されるのでしょうか。

もっとも単純な仕組みで考えてみることにしましょう。

私たちの特徴は、すべて遺伝子によって決まります。人間は、およそ二万五〇〇〇の遺伝子を持っているとされています。この二万五〇〇〇の遺伝子の違いによって、さまざまな特徴が生み出されるのです。

この遺伝子が集まって染色体と呼ばれるものを形づくっています。

人間には四六本の染色体があります。染色体は二本で一組の対になっているので、人間には二三対の染色体があります。

子供は親から、一対につき二本ある染色体のうちのどちらかを引き継ぐことになります。父親から一本、母親から一本の染色体を引き継いで、二三対の染色体を作っていくのです。

それでは、この二三対の染色体の組み合わせの違いだけで、どれだけの多様性を作りだせるか、考えてみましょう。

一番目の染色体で、片親の持っている二つの染色体のどちらを選ぶかは二通りです。

二番目の染色体で、どちらを選ぶかも二通りです。つまり、一番目の染色体と二番目の染色体の組み合わせは二×二の四通りとなります。三番目の染色体の選び方も二通りだから、組み合わせは二×二×二の八通りとなります。これを二三本の染色体では、二×二×二×……が二三回繰り返されて、およそ八三八万通りになります。

もちろん、これだけではありません。

これは片親が持つ二本で一対の染色体から、どちらを選んだかというだけの組み合わせです。

この組み合わせが、父親と母親のそれぞれに起こるので、組み合わせの数は八三八万×八三八万となり、七〇兆を超えることになります。

現在、世界の人口は七七億人ですが、両親が持つ、たった二三対の染色体の組み合わせを変えるだけでも、この一万倍もの多様性を生み出すことができるのです。

それだけではありません。二つの染色体の一つを選び出す過程で、染色体と染色体の間では、その一部が交換されてしまうこともあります。

こうなれば、組み合わせは無限大です。

個性の数は無限大

もちろん、生物が個性を生み出すしくみは、こんなに単純なものではありません。

ＤＮＡって聞いたことがありますか？

ＤＮＡは、私たちの体を作るための情報を持つ物体です。そのため、「体の設計図」と呼ばれています。

じつは、ＤＮＡはこれまで紹介してきた染色体の本体です。染色体は、ＤＮＡから作られています。ＤＮＡは目に見えないほど細い糸のような形をしています。この細い糸のようなＤＮＡが巻き付けられたり、折りたたまれたりして、まとまった形になったものが染色体なのです。

父親と母親の染色体の組み合わせが作られるときに、このＤＮＡは、ところどころ変化して突然変異が起きることが知られています。こうして、あなたの両親も、あなたの祖先も持たない、あなただけの遺伝子が作られるのです。

遡って考えれば、あなたがそうであるように、あなたの両親もあなたの祖先も同じように生まれた、たった一つのオリジナルの個性ということになります。

ですから、この地球にどれだけたくさんの人がいても、あなたの代わりになる存在はありません。そして、長い人類の生命の歴史の中でも、あなたと同じ存在は過去にも未来にも生まれません。

この地球の歴史の中でたった一つだけ存在する他にはない個性なのです。

もし、あなたがいなくなってしまったとしたら、この地球上には二度と存在しえないものなのです。

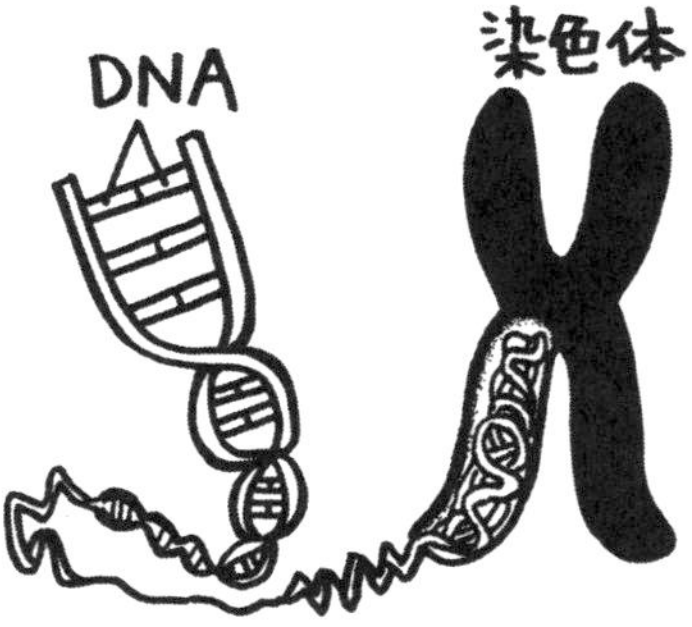

DNAから作られている染色体

そう考えれば、あなたが持つ個性に、意味がないはずがありません。

たとえ誰かがあなたの個性に意味がないと言い放っても、あなたの生まれた確率を考えれば、あなたの個性には必ず居場所があります。そして、必ず意味を見つけ出すことができるはずなのです。

九八パーセントのＤＮＡの役割

目が二つあって、手足が二本ずつあるといった、人間の体を構成する情報は、すべて体の設計図であるＤＮＡの中に記されています。

ところが、手足のような、誰にも共通する人間の基本的な体を構成するのに必要なＤＮＡは、わずか二パーセントに過ぎません。そのため、人間のＤＮＡが持っている能力はわずかしか発揮されておらず、超人的な潜在能力を秘めているのではと言われてみたり、逆に残りの九八パーセントは使われていないのだから、ＤＮＡの大部分が役割のないゴミのようなものだと言う研究者がいたりしたのです。

ところが、です。

最近の研究では、使われていないと思われていた膨大なＤＮＡは、人間の性質の差や性格の差を生み出すためのものであるということが、明らかにされつつあります。つまり、ＤＮＡの多くの部分は「個性」を生み出すために使われていたのです。

目があるということも大切です。手足があるということも大切です。しかし、ＤＮＡ

の量から考えれば、人間は「違い」を生み出し、「個性」を生み出すために、膨大なＤＮＡを使ってきたことになります。

人類が生き抜くためには、私たちが思っている以上に「個性」が大切だということなのです。

自分以外にはなれない

この世の中に、あなたと同じ個性はありません、と書きました。

本当にそうでしょうか。たとえば、一卵性双生児の双子はどうでしょう。

実は、一卵性双生児は、同じＤＮＡを持つ受精卵が二つに分かれて生まれます。そのため、すべてのＤＮＡが同じです。

一卵性双生児であれば、同じ遺伝子を持つ存在がこの世にいることになるのです。

しかし、個性を生み出すものはＤＮＡだけではありません。

生物の体は環境によって、変化をします。たとえば、同じＤＮＡを持っていても、エサをたくさん食べれば大きくなります。寒いところで暮らしていれば、寒さに強くなります。ＤＮＡに記された設計図は不変で絶対的なものではなく、環境に合わせて臨機応変に体が変化するように、記されているのです。

あるいは、環境によってスイッチが入り、ふだんは機能していないＤＮＡが働き出すこともあります。こうして生物は、環境によって変化するようになっているのです。

このように個性は、環境の影響を大いに受けます。

たとえば、一卵性双生児であっても、指紋は同じではありません。これは、受精卵が二つに分かれた後に、お母さんのお腹の中で微妙に違う位置にいたことが関係していると言われています。指紋と同じように一卵性双生児であっても、お母さんのお腹から生まれたときには、すでに違う個性を持っていることでしょう。

こんなわずかな違いが、異なる個性を生み出すのです。

さらに生まれたその後は、寸分も違わぬまったく同じ環境に居続けることはできませんから、一卵性双生児であっても、さらに個性の異なる存在になっていくはずです。

ＤＮＡが同じ一卵性双生児でもそうなのですから、双子でないあなたと同じ遺伝子を持つ存在はありません。あなたと同じ個性は、他にはないのです。

あなたは、この世界で唯一の存在です。そして、たとえ広い宇宙のどこかに異星人がいたとしても、あなたはこの宇宙で唯一の存在です。

あなたは生まれながらにして、唯一無二の存在です。

そして、どんなに工夫しても、あなたは自分以外の人にはなることはできません。

自分は、自分でしかありませんし、自分にしかなれないのです。

そうだとすれば、あなたはあなた自身になるしかありません。

それでは、宇宙に一つしかない自分とはどのような存在なのでしょうか。あなたにできることは何なのでしょうか。

自分らしさとは何か？

これは、とても難しい問題です。このことについては、五時間目に再び考えてみることにしましょう。

二時間目　「ふつう」とは何か？

人間はたくさんが苦手

一時間目で紹介したように、生物は個々が異なっていること、つまりさまざまなタイプがいるということを大切にしています。

先にも述べましたが、さまざまなタイプがあることを「多様性」といいます。

最近では、「文化の多様性」とか、「多様性のある社会」とか、言うようになりました。

ただ、「多様性が大切だ」と指摘されているということは、それだけ「多様性」が軽んじられてきたからでもあります。

人間は「多様性は大切だ」と言います。それでは、人間は本当に「多様性」を理解しているでしょうか。

「多様性が大事」と思っていても、じつは人間の脳は「たくさんある状態」が苦手です。そして、「個性が大事」と思っていても、「バラバラにあるもの」が苦手です。人間は、目の前にあるものを、「できるだけ揃《そろ》えたい」と思ってしまうのです。

そのため、人間の世界は均一化する方向に向かいがちなのです。

これは、どういうことなのでしょうか。

人間の脳の限界

次の数字を覚えてみてください。制限時間は五秒です。

どうですか。少し簡単すぎたでしょうか。

それでは、次の数字はどうですか。これも制限時間は五秒です。

これも簡単だったでしょうか。

それでは次の数字はどうでしょう。制限時間は同じく五秒です。

いかがですか。

最初の二問は、簡単に覚えられたことでしょう。

しかし、三問目はなかなか難しかったのではないでしょうか。

それでは、三問目の問題では、数字はいくつありましたか。


正解は八つです。


たった八つなのです。

私たち人間はコンピューターを作り出すようなすごい存在です。そんな人間の優れた脳は、百でも一万でも一億でも、とても大きな数字を扱ったり、理解できると信じています。

しかし本当は、私たちの脳は、両手で数えられるほどの量の数字を把握することさえ苦労してしまうのです。

じつは、私たちの脳は本質的に、「たくさんある」ということが苦手なのです。

「たくさん」を理解する方法

人間の脳は「たくさん」が苦手です。

しかし、良い方法があります。

こうしてみたら、どうでしょう。

こうやって、バラバラだった数字を一列に並べてみると、ずいぶんと覚えやすくなるでしょう。

さらに、こうしてみたらどうでしょう。

こんどは、小さい順に並べてみました。

すると、3が二つあったことや、1~9の数字の中で、「6」と「8」がなかったことなど、いろいろなことがわかります。

このように並べたり、順番をつけたりして、整理をすると、人間の脳は「たくさん」を理解しやすくなります。

人間の脳は、一列に並べて順番をつけるのが大好きなのです。

学校の成績もそうではないですか。

人間が作り出した「ものさし」

たくさんある野菜。

たくさんあると、何だかよくわかりません。

それでは、並べてみることにしましょう。

どのように並べればよいでしょうか。

あなたの好きな野菜の順番に並べてみてください。

一番好きな野菜や、嫌いな野菜は決まりそうですが、すべての野菜を並べるのは難しそうです。

それでは、色の順番に並べてみましょうか。

真っ赤なトマトを一番最初にして、白いダイコンを最後にしてみましょう。しかし、他の野菜をどうやって並べればよいかはわかりません。

どうすれば、順番に並べることができるでしょうか。

それでは、長いものから順番に並べてみてはどうでしょうか。

なるほど、これならば簡単に並べることができます。
一番長い野菜は何ですか？
白菜は何番目に長いですか？
いろいろなことがわかり、脳も満足です。

長い順に並べることが簡単なのは、「長さ」というのが数字で表すことのできる尺度だからです。

好きな野菜の順番も、「一〇〇人に聞きました」という具合に人気投票をすれば並べることができます。投票数は数字だからです。

「魅力的」とか、「おいしい」とか、本来、比べることができないようなことや、比べる意味もないようなことも、アンケートや投票をすれば、順番に並べることができます。

比べることができないような色でさえも、明度や彩度という尺度で数値化することができます。数値化さえしてしまえば、明度の順に並べることが可能になります。

本来は、自然界に、序列はありません。

真っ赤で丸いトマトと白くて長いダイコンを比べることに、意味はありません。

しかし、「いろいろなものがたくさんある」ということを、人間の脳はそれでは理解できません。自然界は人間の脳が理解するには、複雑で多様すぎるのです。

そこで、人間の脳は数値化し、序列をつけて並べることによって複雑で多様な世界を理解しようとします。そして、点数をつけたり、順位をつけたり、優劣をつけたりするのです。序列をつけ、優劣をつけて比べることで、人間の脳は安心することができます。

このように、人間は比べたがります。比べることに意味がないことだったとしても、人間は比べたがります。それは人間の脳のクセのようなものです。これは、致し方のないことなのでしょう。

比べないと理解できない。これが、人間という生物が持つ脳の限界なのです。

しかし、脳が常に正しいわけではありません。

忘れてはいけない大切なことは、本当は自然界には序列や優劣はないということなのです。

均一化される世界

一時間目のお話の最初に「雑草を育てるのは大変だ」と言いました。

そして、それは「思うとおりに育たないからだ」と言いました。

思うとおりというのは、「人間が思うとおりに」ということです。

雑草にしてみれば、何も思い通りに育つ必要はありません。思い通りに行かないと大騒ぎしているのは、人間であり植物学者の私です。

本当は、雑草にとっては、芽は出さなくてもいいのです。成長がバラバラなのが、雑草の大切にしている価値なのです。

しかし、それでは私が困ってしまいます。

私は、思い通りに雑草を育てたいと思っていますし、実験をするためには、バラバラではなく、雑草に揃ってほしいと思っています。

もっとも雑草は、人間に育てられたいと思っているわけではありませんし、ましてや実験してほしいと思っているわけでもありません。

雑草はバラバラでも、困りません。バラバラだと困るのは、管理する人のほうなのです。

私たちの世界には、管理する人がいます。学校には先生がいます。会社には社長さんがいます。国には総理大臣やえらい人たちがいます。

バラバラであることに価値があるのは、誰もが認めています。しかし、バラバラでは管理するのが大変です。そのため、人間はバラバラであるものを、できるだけ揃えようとします。バラバラであってもいいけれど、あまりバラけ過ぎないように、ある程度の枠を設けます。

人間が作り出し、育ててきた植物を見てみてください。

自然界を生きる植物は、雑草と同じようにバラバラです。バラバラでなければ、さまざまな環境に適応することはできません。バラバラであることに価値があるのです。

しかし、人間が栽培する野菜や作物は、バラバラではありません。

芽が出る時期が揃わないと大変です。野菜の大きさがバラバラでは困りますし、作物の収穫時期が株によってバラバラでは困ります。そのため、野菜や作物は、できるだけ揃うように、改良が進められてきたのです。

揃えるためには、揃える基準が必要です。

たとえば、形が大きかったり、収量が多いという成績で、野菜や作物を評価し、優秀なものを選んできました。

こうして、「均一化」が進められ、まるで工場のように農作物が生産され、まるで工業製品のようにきれいに箱詰めされて出荷され、商品化されてきれいにお店に並べられるようになったのです。

生き物は本来バラバラです。バラバラになりたがるものを揃えることは大変なことです。しかし、人間は努力の末に「生き物を揃える」という技術を発達させてきました。それは大変な苦労です。

しかし、「揃えること」を追い求めているうちに、本来の「バラバラであること」の価値を見失っているかもしれません。

比べるためのアイデア

自然界の生物はバラバラです。そこには優劣はありません。ただ、バラバラであることに価値があるのです。

理屈は頭でわかっても、実際を把握しようとすると、人間の脳は混乱するばかりです。ものごとをできるだけ単純に理解したい人間の脳が理解できるはずはありません。

人間の脳は、できるだけ事態をシンプルにして、単純に理解したいのです。

数値の順に並べただけでは、まだ理解できません。

先に述べたように、人間の脳は「たくさん」が苦手です。できれば、二つくらいのものを比べて、どちらが大きいかとか、どちらが小さいかと考えるくらいが、気持ちがいいのです。

どれが一番大きい？

どっちが大きい？

そのために、人間が作りだしたものが「平均」です。
たくさんあるものをまとめて、「平均」というものを作ります。そして、平均の数値と比べれば、大きいとか、小さいとか、長いとか、短いとか判断できるのです。

たとえば、ここに二種類のジャガイモがあります。

Aという品種のジャガイモの五つのイモの重さを計ってみると、二〇グラム、八〇グラム、一一〇グラム、六〇グラム、二八〇グラムでした。

Bという品種のジャガイモの五つのイモの重さは、五〇グラム、一四〇グラム、四〇グラム、一二〇グラム、一五〇グラムでした。

さて、A品種とB品種では、どちらのほうが大きいと言えるでしょうか。

バラバラないくつもの数字をそのままに比べて理解することは、人間には簡単ではありません。

個性ある生物の集団は不均一でバラバラです。しかし、それでは人間が簡単に理解することができません。そこで、集団を比較するために、人間が理解するために作りだしたのが、平均値なのです。

最初の例では、A品種は平均が一一〇グラムとなり、B品種は平均値が一〇〇グラムとなりますから、A品種のほうが大きいということになります。

しかし、本当にそうですか。A品種にもB品種より小さなイモがあります。B品種にもA品種より大きなイモもあります。

平均値は、人間が管理するのに都合が良いように、一つの尺度だけを取り出して計測し、足して、割っただけの数値に過ぎません。

本当は、ジャガイモの重さはバラバラです。

一つ一つをていねいに見れば、A品種には二八〇グラムという大きいイモもあれば、二〇グラムという小さなイモもありました。B品種には一五〇グラムから、四〇グラムのイモがありました。

本当はA品種とB品種とを比較すること自体、まったく意味がないことなのです。

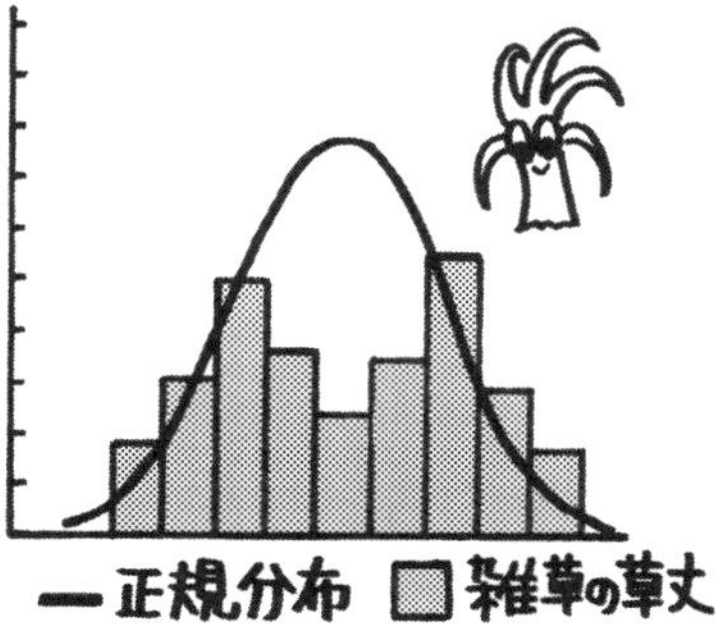

二山型の雑草の草丈の分布

自然界のばらつき

自然界は、ばらつくとはいっても、平均的なものが一番、数が多い多数派になるような気がします。

自然界では、生物の特性の分布は「正規分布」と呼ばれる分布をするものが多いことが知られています。確かに正規分布をみると、真ん中の平均値に近いものが多く、平均から離れるに従ってその頻度は少なくなります。

しかし、タンポポはすべて黄色い色をしているように、もし、平均値が優れているのであれば、どの個体も平均値に近づきます。

すべての個体が平均値でなく、ばらついているということは、そのばらつきに意味があるということなのです。

また、実際には、平均的なものが一番、数が多いとは限りません。

たとえば、雑草の高さでは、他の植物と競い合って高く伸びるものもあれば、他の植物と競争せずに、草丈を低くするという戦略もあります。他の植物と競い合って負けてしまうくらいの、中途半端な草丈が一番、不利なのです。この場合、分布をグラフで表すと二山型になります。

平均がもっとも多いとは限らないのです。

「ふつう」という幻想

平均に近い存在は、よく「ふつう」と呼ばれます。
それでは「ふつう」って何なのでしょうか？

先述したように、人間の脳は複雑なことが苦手です。多様なものは難しく感じます。
複雑で多様な世界を、ありのままに理解することはできないのです。
そのため、できるだけ単純化して、整理して理解しようとします。
バラバラなものは、できるだけまとめようとします。

こうして、整理して、まとめることで、人間の脳ははじめて理解することができるのです。

そんな人間の脳が好んで使うお気に入りの言葉に「ふつう」があります。

「ふつうの人」という言い方をしますが、それはどんな人なのでしょうか。「ふつうじゃない」という言い方もしますが、それはどういう意味なのでしょう。

自然界に平均はありません。

「ふつうの木」って高さが何センチなのでしょうか。

「ふつうの雑草」って、どんな雑草ですか？

踏まれても生えている雑草と踏まれない雑草はどちらがふつうなのでしょうか。道ばたでは、たくさんの雑草が踏まれています。踏まれている雑草は、ふつうじゃないのでしょうか。

先に述べたように生物の世界は、「違うこと」に価値を見出しています。いわば生物は、懸命に「違い」を出そうとしているとさえ言えます。

だからこそ、同じ顔の人が絶対に存在しないような多様な世界を作り出しているのです。一つ一つが、すべて違う存在なのだから、「ふつうなもの」も「平均的なもの」もありえません。そして、逆に言えば「ふつうでないもの」も存在しないのです。

「ふつうの顔」ってどんな顔ですか？
世界一、ふつうの人ってどんな人ですか？

ふつうの顔なんてありません。
ふつうの人なんてどこにもいません。
ふつうでない人もどこにもいません。
ふつうなんていうものは、どこを探しても本当はないのです。

はずれ者が進化をつくる

先述したように、人間が複雑な自然界を理解するときに「平均値」はとても便利です。そのため、人間は平均値を大切にします。そして、とにかく平均値と比べたがるのです。平均値を大切にすると、平均値からはずれているものが邪魔になるような気になってしまいます。

みんなが平均値に近い値なのに、一つだけ平均値からポツンと離れていると、何だかおかしな感じがします。何より、ポツンと離れた値があることによって、大切な平均値がずれてしまっている可能性もあります。

そのため、実験などではあまりに平均値からはずれたものは、取り除いて良いということになっています。

はずれ者を取り除けば、平均値はより理論的に正しくなります。値の低いはずれ者をなかったことにすれば、平均値は上がるかもしれません。

こうしてときに「平均値」という、自然界には存在しない虚《うつ》ろな存在のために、はずれ者は取り除かれてしまうのです。

しかし、実際の自然界には「平均値」はありません。「ふつう」もありません。あるのは、さまざまなものが存在している「多様性」です。

生物はバラバラであろうとします。そして、はずれ者に見えるような平均値から遠く離れた個体をわざわざ生み出し続けるのです。

どうしてでしょうか。

自然界には、正解がありません。ですから、生物はたくさんの解答を作り続けます。それが、多様性を生み続けるということです。

条件によっては、人間から見るとはずれ者に見えるものが、優れた能力を発揮するかもしれません。

かつて、それまで経験したことがないような大きな環境の変化に直面したとき、その環境に適応したのは、平均値から大きく離れたはずれ者でした。

そして、やがては、「はずれ者」と呼ばれた個体が、標準になっていきます。そして、そのはずれ者がつくり出した集団の中から、さらにはずれた者が、新たな環境へと適応していきます。こうなると古い時代の平均とはまったく違った存在となります。

じつは生物の進化は、こうして起こってきたと考えられています。

進化というのは、長い歴史の中で起こることなので、残念ながら、私たちは進化を観察することはできません。

しかし、「はずれ者」が進化をつくっていると思わせる例は見られます。

たとえば、オオシモフリエダシャクという白いガは、白い木の幹に止まって身を隠し

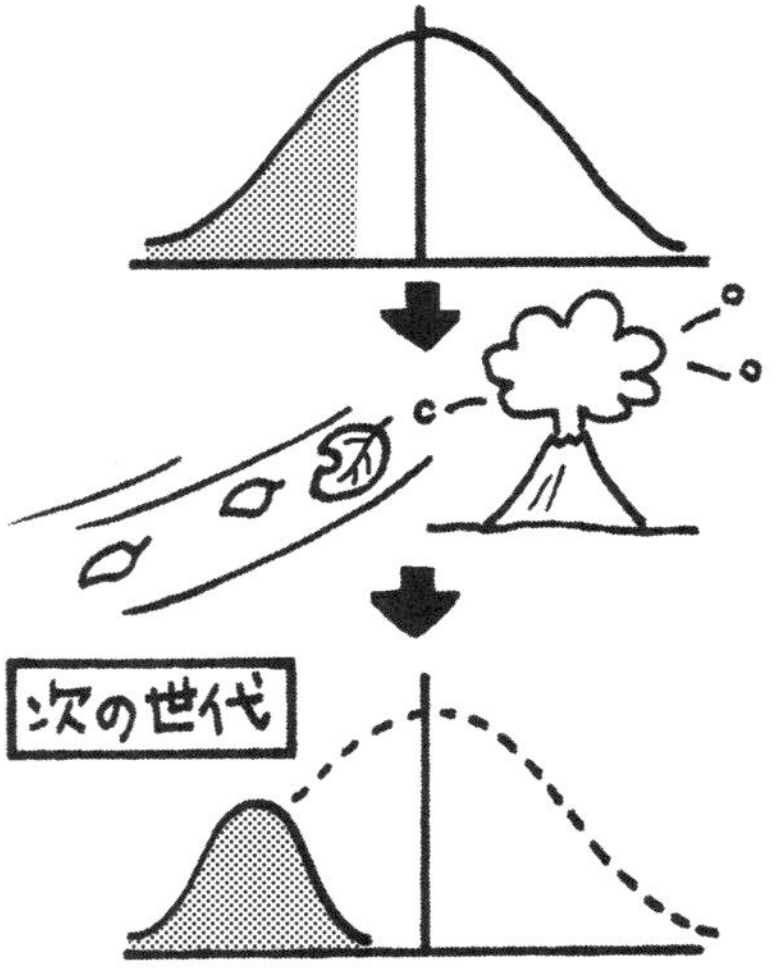

はずれ者が進化を作る、とは？

ます。が、ときどき黒色のガが現れます。白色のガの中で、黒色のガははずれ者です。ところが、街に工場が作られ、工場の煙突から出るススによって、木の幹が真っ黒になると、目立たない黒いガだけが、鳥に食べられることなく生き残りました。そして、黒いガのグループができていったのです。

ニュージーランドに棲《す》むキウィは、飛べない鳥です。鳥が飛べないなんて、おかしいですよね。じつは、キウィの祖先は飛ぶことのできる鳥だったと考えられています。ところが、その中に飛ぶことの苦手な個体が生まれました。鳥なのに飛べないなんて、本当にはずれ者です。ただ、ニュージーランドには、キウィを襲う猛獣がいなかったので、飛んで逃げる必要がありません。飛ぶのが苦手な鳥は、飛ぶことが少ないので、エネルギーを使いません。その分、エサも少なくてすむかもしれませんし、節約したエネルギーでたくさん卵を産むことができるかもしれません。こうして飛ぶのが苦手な「はずれ者」が、飛ぶのが苦手な子孫をたくさん産み、飛べない鳥に進化していったと考えられているのです。

小さく進化した恐竜・エウロパサウルス

あるいは、ブラキオサウルスは、全長二五メートルを超えるような巨大な恐竜です。ところが、ブラキオサウルスの仲間のエウロパサウルスは、馬くらいの大きさしかありません。ブラキオサウルスの仲間にしては、とても小さな体なのです。

エウロパサウルスの祖先は巨大な恐竜だったと考えられています。ところが、エウロパサウルスはエサの少ない島で進化をしました。そのとき、小さな体の者が生き残り、やがて、小さな恐竜へと進化を遂げたのです。

新たな進化をつくり出すのは、常に正規分布のすみっこにいるはずれ者なのです。

違うことに意味がある

人間が作り出したものは揃っています。

鉛筆の一ダースの本数がバラバラでは困ります。

一メートルのものさしの目盛りが、一本一本違っては困ります。

人間は、バラバラな自然界の中で、均一な世界を奇跡的に作り上げてきたのです。

しかし、自然界はバラバラです。

自然界では、違うことに意味があるのです。

あなたと私は違います。けっして同じではありません。

ただし、違いはありますが、そこに優劣はありません。

例えば、足の速さは、それぞれ異なります。ですから、足の速い子も遅い子もいます。

これが運動会になれば、足の速い子は一位になるし、遅い子はビリになります。しかし、

それはそれだけのことです。

自然界から見たら、そこには優劣はありません。ただ、「違い」があるだけです。人間は優劣をつけたがります。しかし、生物にとっては、この「違い」こそが大切なのです。足の速い子と遅い子がいる、このばらつきがあるということが、生物にとっては優れたことなのです。

ところが、単純なことが大好きな脳を持ち、ばらつきのない均一な世界を作りだした人間はときに、生き物にばらつきがあることを忘れてしまいます。そして、ばらつきがあることを許せなくなってしまうのです。

ものさしで測れるものと測れないもの

私たちは人間社会で暮らしているのですから、人間の作りだした尺度を無視することはできません。人間が作りだした尺度に従うことも大切なことです。

すべての人が勉強をしている現代社会で、テストで良い点を取って、偏差値が高い優秀な学校へ進学できる人たちは、評価されるべきです。

多くの人たちがスポーツに取り組む中で、一流と呼ばれるアスリートとして、良い記録を出したり、良いパフォーマンスを見せてくれる人たちは、高い評価を得るべきです。

みんながお金持ちになりたいと思っている中で、仕事をして高い収入を得ている人たちも評価されるべきです。

しかし、それで人間に優劣がつくわけではありません。

人間が作りだした「ものさし」も大切ですが、本当は、その「ものさし」以外にも、たくさんの価値があるということを忘れないことが大切なのです。つまり、「違い」を大切にしていくことなのです。

「ものさし」で測ることに慣れている大人たちは、皆さんにこう言うかもしれません。

「どうしてみんなと同じようにできないの？」

管理をするときには、揃っている方が楽です。バラバラだと管理できません。そのため、大人たちは子どもたちが揃ってほしいと思うのです。

しかし本当は、同じようにできないことが、大切な「違い」なのです。

そんな違いを大切にしてください。

おそらく、皆さんが成長して社会に出る頃になると、大人たちは、今度はこう言うかもしれません。

「どうしてみんなと同じような仕事しかできないんだ」

「他人とは違うアイデアを思いつきなさい」

三時間目　「区別」とは何か？

本当は何の区別さえもない

二時間目には、人間の脳は、自然界を理解するために、整理して比べたがるというお話をしました。

比べるために、「平均値」とか「ふつう」という便利なものを発明したのだと説明しました。

本来、自然界には「平均値」や「ふつう」というものは存在しません。
自然界にはないのに、人間が理解するために発明したものは他にもあります。

それが「境界」です。

たとえば、皆さんが住んでいる都道府県には「県境」というものがあります。地図にも県境は書かれていますし、道路を通ると県境の標識があります。

しかし、地面はつながっていますから、自分の県と隣の県に境界があるわけではありません。しかし、それでは不便なので、県境で区切って、自分の県と隣の県とを区別しているのです。

富士山はどこにある？

皆さんは富士山に行ったことがありますか。

富士山というと、静岡県や山梨県を思い浮かべるかもしれません。

しかし、富士山のすそ野はどこまでも広がっています。

地図を見ても、ここから先が富士山だという境界線があるわけではありません。

富士山という山は、どこからどこまでが富士山なのでしょう？

ここから先が富士山だという境界線はありません。

ということは、どこまでも富士山は続いていることになります。

東京や大阪も富士山とつながった大地にあります。富士山の一部かもしれません。それどころか、富士山の地面は、海の底へとつながっています。地形だけ見れば、富士山は北海道や沖縄とつながっていると言えるし、太平洋を越えてアメリカ大陸ともつながっているとも言えるのです。

富士山は誰が見ても富士山です。しかし、どこからどこまでが富士山なのかは誰にもわからないのです。

私たちは昼間に起きていて、夜は眠ります。

それでは、どこまでが昼で、どこからが夜なのでしょうか。

昼と夜は明らかに違いますが、昼からいきなり夜になるわけではありません。

地球は同じ速度で回っているので、同じ速さで時間は進みます。

昼と夜との間には、夕方や朝という時間帯があって、たとえば夕方にはだんだんと日が沈んでいって、東の空からだんだんと夜になっていきます。昼と夕方と夜の間に境目はありません。

しかし、それでは不便なので、太陽が沈んだ瞬間を日没として昼と夜とを区別しています。

一方、天気予報では、一五時頃から一八時頃までを夕方、一八時頃から翌日の午前六時頃までを夜と区分しています。

本当は昼と夜との間に境目はないのに、それでは不便なので、境目を作っているのです。

このように自然界には境目はないのに、人間は境界を作って区別をします。境界があった方が人間には都合がいいからなのです。

境界を引いて区別する

皆さんはクジラを知っていますか？

イルカは知っていますか？

クジラとイルカは同じ海にすむ哺乳類の仲間です。

それでは、クジラとイルカはどこが違うのでしょうか。

クジラとイルカ

「クジラは大きくて、イルカは小さい」

そんな単純なものではありません……と言いたいところですが、じつはそれが正解です。

専門的な分類学では、大きさが三メートルよりも小さい種類をイルカ、三メートルよりも大きい種類をクジラと呼んでいます。

単なる大きさの違いなのです。

たった、それだけ？　と思うかもしれません。

本当はクジラとイルカに大きな違いはありません。それでも、クジラとイルカを区別しようとすると、そんな区別しかできないのです。

人間が作る分類なんて、そんなものです。

水族館にいるゴンドウイルカは、図鑑に書かれた正式な名前はゴンドウクジラです。

ゴンドウイルカはクジラなのでしょうか。

ゴンドウクジラは、その大きさから、クジラに分類されています。

しかし、分類を見ると、ゴンドウクジラはマイルカ科というイルカと同じ分類になっています。イルカの仲間の中にいるのにクジラに分類されてしまうのです。

しかも、ゴンドウクジラというのは、頭の丸いクジラの総称です。

マイルカ科の中にゴンドウクジラ亜科とシャチ亜科という分類があります。そして、ゴンドウクジラ亜科の中に分類されるゴンドウクジラと、シャチ亜科に分類されるシャチの仲間のゴンドウクジラがあります。大きさではクジラに分類されていても、図鑑の分類では、イルカの仲間やシャチの仲間なのです。

イルカとクジラが違うということは、小さな子どもでも知っています。しかし、専門家がしっかりと境界を見極めていくと、じつは訳がわからなくなってしまいます。

本当はイルカとクジラに境界線はありません。ただ、人間がイルカだ、クジラだと無理やり境界を引いて呼び分けているだけなのです。

人間とサルとの境界線

人間の祖先は、サルの仲間であると言われています。

それでは、どのようにしてサルの仲間から進化したのでしょうか。

ある朝、サルが目覚めたら突然、人間になっていたということは起こりません。それでは、サルのお母さんから、突然、人間の子どもが生まれたのでしょうか。そんなこともありません。

気の遠くなるような世代交代を経て、サルは少しずつ少しずつ変化して人間になっていきました。

そこには明確な境目はありません。

川には上流と中流と下流とがあります。川のどこから、どこまでが上流で、どこからが下流なのでしょうか。川の中に上流と中流と下流を分ける境目はありません。上流と下流の境目がないように、サルと人間とも明確な境目はないのです。

チンパンジーは、人間と共通の祖先から生まれたとされています。人間と祖先のサルとの境目はありません。チンパンジーと祖先のサルとの境目もありません。ということは、人間とチンパンジーとの境目もないということになります。

しかし、人間はチンパンジーとは明らかに違います。

人間とチンパンジーの境目がないなんてことが、本当にあるのでしょうか。

生物は分類できる？

人間とチンパンジーとは明らかに違います。

自然界にはさまざまな生物がいる。これらを区別するのが、「分類学」です。

たとえば、イヌとネコが違うことは、小さな子どもでもわかります。キツネはイヌに似ています。そこで、キツネはイヌの仲間のイヌ科に分類します。また、トラやライオンはネコに似ています。そこでネコの仲間のネコ科に分類します。こうして分類して整理していくのです。

このイヌやネコ、キツネやライオンという生物分類上の基本単位を「種」と言います。イヌとネコとは種が異なるのです。

「種」というグループは、「共通する形態的な特徴を持つが、他の種とは異なる特徴を持つ」と定義されます。イヌには共通の特徴があり、ネコとは見た目が違います。

生物の種は、生殖的な区別で分けられます。つまり、イヌはイヌの子どもを産みます。イヌがネコを産むことはありません。イヌはイヌどうしで子孫を作り、ネコはネコどうしで子孫を作ります。これが、イヌという種とネコという種を分けているのです。

それでは、植物はどうでしょうか。

タンポポとチューリップとは違います。

しかし、もう少し細かく分類していくと、タンポポの中には昔から日本にあったニホンタンポポと、外国からやってきたセイヨウタンポポとがあります。さらに細かく分けていくと、ニホンタンポポの中にも、主に東日本に分布するカントウタンポポや、主に西日本に分布するカンサイタンポポなど、さまざまな種類を分けることができます。

それでは、カントウタンポポやカンサイタンポポは本当に別の種なのでしょうか、それとも違うところに生えているだけなのでしょうか。

この見解は研究者によって分かれます。

種の分類は生殖的に子孫を残せるかどうかで区別する、とイヌとネコの例で紹介しました。ところが、植物の場合は、動物のようにはっきりとしていません。たとえば、セイヨウタンポポとニホンタンポポは明らかな別種とされていますが、この二つは交雑して雑種を作ることが知られています。それどころか、この雑種もさらにセイヨウタンポポやニホンタンポポと交雑していくのです。

そうすると、セイヨウタンポポとニホンタンポポは同じ種なのでしょうか。それとも別の種なのでしょうか。

イヌとネコのように、雑種を作らないというのが、「種」の定義であるはずなのに、植物には、異なる種が交雑した「種間雑種」という言葉さえ普通に使われています。

つまり、分類とはしょせんその程度のものです。

「種」という生物を分類する基本的な単位さえ、その境界はあいまいなものなのです。

専門家たちが現在でももめにもめている種の概念の議論に対して、進化学者のチャールズ・ダーウィンは、こんな言葉を残しています。


「もともと分けられないものを分けようとするからダメなのだ」

タンポポとチョウチョと私

人間とチンパンジーが共通の祖先から進化したように、哺乳類と鳥類、爬虫類《はちゅうるい》、両生類は背骨を持つ共通の脊椎生物の祖先から進化をしてきました。さらに遡ると、さまざまな生物が共通の祖先から進化を遂げてきたと考えられます。

自然界に境界はない

川の源流をたどるように、進化を遡っていくと、下流と中流の境目も、中流と上流の境目も、何の境目もないままに、生物共通の、最初の祖先、小さな単細胞生物にたどりつくことができます。

つまり、祖先となった単細胞生物と、私たち人間との間にも、何の境目もありません。

この共通祖先となった小さな単細胞生物は「ルカ」と呼ばれています。このルカから、すべての生物が進化をしていきました。

人間と祖先種であるサルとの間に境目はなく、共通祖先から分かれた人間とチンパンジーとの間にも境目はありません。

そう考えると、ルカから進化していった人

間もイヌもネコも、タンポポさえも、明確な区別はないということになります。

自然界に境界はありません。

そして、自然界に存在するすべての生物にも、じつは明確な境界はないのです。

しかし、人間とタンポポにも境界がないという話は、理解できますか。考えれば考えるほど、何だか落ち着かないですね。

物が雑多に散らかった部屋が落ち着かないように、境界がない自然界は、人間の脳にとっては極めて不安な存在です。

そこで、人間は境界を作り、私たちは人間だが、こいつらはサルだ、これはタンポポだと区別して、名前をつけます。

こうして、区別して名前をつけることによって、人間の脳は、はじめて安心することができるのです。

そして脳は比べたがる

もっとも、境界線を引いて区別することは悪いことではありません。

何しろ人間の脳は、境界を作らなければ不安定になり、理解が進まないのですから、たとえあいまいであっても境界は引いたほうがいいのです。境界を引くことによって、複雑な自然界をわかりやすく理解できるようになります。

境界のない自然界にルールを作って線を引き、区別して整理ができることは、極めて優れた能力です。こうして人間は文明を発達させ、科学を発達させてきたのです。

しかし、人間の悪いところは、本当はありもしないところに境界を引いて、それに満足した上に、区分したものを比較し始めます。そして、優劣をつけたり、序列をつけたりしたがるのです。

比べることによって、わかることもたくさんありますが、比べることによって本当の姿がわからなくなってしまうこともあります。

たとえば、ポニーは馬の中では小型のかわいらしい種類です。「ポニーは小さい」と誰もが思います。しかし、イヌに比べれば、ポニーはとても大きな動物です。大人から見ればポニーはかわいらしい動物でも、小さな子どもから見れば、ポニーは見上げるようなおそろしい動物です。

本当の大きさは？

はたしてポニーは大きいのでしょうか。小さいのでしょうか。

ポニーは大きくも小さくもありません。ポニーは、そのままポニーです。しかし、比べて見たときに、はじめて「大きい」と言われたり、「小さい」と言われたりするのです。

テストで八〇点を取るとうれしい気持ちになります。ところが、友だちも八〇点を取ったと喜んでいるのを見ると、何だか素直になれないときがあります。そして、友だちが一〇〇点だと、何だか落ち込んでしまったりするのです。

八〇点という価値は、友だちがどうであろうと変わらないはずです。それなのに、他人と比べることで人間の脳は八〇点の価値を勝手に変えてしまうのです。

宝くじで一万円が当たったらうれしい気持ちがします。しかし、同じ店で買った人が一億円当たったと知ると、何だか損をしたような気になってしまいます。一万円もらっているはずなのに、です。

お釈迦《しゃか》さまの教えである仏教の基本的な考え方は「比べてはいけない」というものです。大昔から、比べてはいけないと説かれ続けているということは、比べないことがそれだけ難しいからでもあるのです。

それは差別になる

人間の脳は、境界のない自然界に線を引いて区別をするだけでなく、線を引くことで比べたくなります。そして、優劣をつけたくなります。つまり、「区別」でなく、「差別」をしてしまうのです。

まず、自分と相手とを比べてしまいます。

比べるときには、自分を基準にして自分が「ふつう」と考えます。本当は、六〇ページで紹介したように、自然界に「ふつう」というものは存在しないのに、です。

そして、「ふつう」と「ふつうではない」と区別します。そして、自分とは違うものを非難したり、差別してみたりしてしまうのです。

自然界に境界はありません。「ふつう」もありません。

八一ページで紹介したように、イヌとネコの区別さえ、本当は説明できないのに、日本人と外国人との区別なんてあるのでしょうか。肌の色による人間の違いなんてあるのでしょうか。

「障害者」と「健常者」という区別もあります。しかし、体のすべてが正常だという人などいるはずもありませんし、体のすべてに障害があるという人もいません。

大人と子どもだって境目はありません。小学生と中学生だって、通っている学校が違うだけで、本質的な境目はないのです。身長は毎日、毎日、少しずつ大きくなっていきます。ある日、突然、中学生の体に成長するわけではありません。

虹の色は何色ありますか？

虹は、赤・橙《だいだい》・黄・緑・青・藍・紫の七色と言われています。

しかし、アメリカやイギリスの人は、虹は六色と言いますし、ドイツやフランスの人たちは、虹は五色と言います。

いずれにしろ、虹の一番外側は赤色で、一番内側は紫色です。

赤色と紫色は明らかに違います。しかし、どこまでが赤色でどこからが紫色なのかは、わかりません。虹は赤色から、だんだんと紫色になっていきます。しかし、それではわかりにくいので、人間の脳は、途中で線を引いて、七色に見たてたり、六色に見たてたりしているのです。

本当は、境界などなく、たくさんの色が連なっています。

自然界も同じように、たくさんのものが境界なく連なっています。

そして、自然界は、このたくさんの「違い」を大切にしているのです。

本当は知っている美しさ

人間の脳は、複雑なものを単純化し、多様なものに境界を引いて区別するという能力を発達させてきました。

しかし、人間もまた、多様な生物の一つです。

人間の脳は、「たくさん」を理解することは苦手ですが、本当は「たくさん」が嫌いなわけではないのです。

花瓶にさされた一輪の花もきれいですが、どちらかというと、野山に色とりどりの花が咲いている様子のほうに、人は心を動かされるようです。

頭で理解することが難しくても、人間は何となくそれを「美しい」と感じます。人間も本当は、「たくさんあること」が素晴らしいと知っているのです。

現に花屋さんに行けば、色とりどりの花が並んでいます。

二五ページでお話ししたように、自然界では花の色はある程度、決まっています。タンポポは黄色いし、スミレは紫色をしています。先述したように、花の色は昆虫を呼び寄せるための重要な目印なので、そこに個性はありません。

それでも、人間はたくさんの色があるほうが美しいと感じます。

そのため、人間は、さまざまな色の花を作りだしたのです。

自然に生えるタンポポは黄色一色ですが、タンポポと同じキク科の園芸種であるスプレーギクには、黄色だけでなく、白色や紫色、ピンク、赤色などさまざまな色があります。

また、スミレの仲間のパンジーやビオラも、紫色だけでなく、白色や黄色、オレンジ色、赤色などさまざまな種類があります。

これは人間が、さまざまな花色の品種を作りだしているからなのです。

たくさんあることは、すばらしい。そして、たくさんあることは美しい。

それだけでいいのです。

近藤宮子《こんどうみやこ》さん作詞の「チューリップ」という童謡を知っていますか？

さいた　さいた
チューリップのはなが
ならんだ　ならんだ

あか　しろ　きいろ
どのはなみても　きれいだな

赤と白と黄色で、どれがきれいということはありません。
どの花もきれいです。
そしていろんな色の花が並んでいるのがきれいなのです。

四時間目　「多様性」とは何か？

遺伝的多様性と種の多様性

多様性は、たくさんの種類があるという意味です。

同じ種類の雑草なのに、早く芽を出す性質を持つものがあったり、のんびりと芽を出す性質を持つものがあります。

あるいは、同じ人間という生物種の中にも、さまざまな顔の個体がいて、さまざまな性格があります。

このような個性を「遺伝的多様性」と言いました。

一方、自然界にはさまざまな生物がいます。

空を見れば鳥が飛んでいます。草むらには、たくさんの昆虫がいます。

鳥の中にもスズメやカラスなど、さまざまな種類があります。草むらの昆虫の中にも、バッタがいたり、カマキリがいたり、テントウムシがいたりと、さまざまです。

さらに、バッタの中にもトノサマバッタという種類がいたり、ショウリョウバッタという種類がいたり、オンブバッタという種類がいたりします。

このように、さまざまな種類の生物がいることを「種の多様性」と言います。

動物と植物を合わせると、世界には、知られているだけで一七五万種もの生物がいるとされています。かなりの数ですが、それでもまだ知られていない生物もたくさんいて、実際には五〇〇万種から三〇〇〇万種もの生物が地球には生息しているのではないかと言われています。これが「生物多様性」といわれる自然界です。

ものすごい数です。

地球はやっぱり生命の惑星なんですね。

どうして、いろいろな花があるの

タンポポはどれも黄色い色をしていて個性はないという話をしました。

たとえば、セイヨウタンポポという種類のタンポポは、すべて黄色です。それは、セイヨウタンポポにとって、黄色い花がベストだからです。

ところが、タンポポと呼ばれる植物は、六〇種類以上もあるとされていて、中にはシロバナタンポポのように、白い花を咲かせる種類もあります。シロバナタンポポは、どの株も白い花を咲かせて、花の色に個性はありません。シロバナタンポポにとっては、花の色は白色がベストなのです。

スミレの仲間にもキスミレという花が黄色い種類のものがあります。また、シロスミレのように花が白い種類もありますが、一般的なスミレという植物は花が紫色です。

このように、野生の植物は植物の種類によって花の色が決まります。

それでは、大半のタンポポにとっては、黄色い花がベストならば、世の中の花が、すべて黄色い花になっても良さそうなものですが、そうはなりません。タンポポはタンポポ、スミレはスミレ、というそれぞれにベストな色があるということなのです。

では翻って考えると、そもそもどうして自然界には、さまざまな花があるのでしょうか？

いろいろあるのは美しいですが、複雑で面倒くさそうですから、一種類の花だけが咲いている世界では、ダメなのでしょうか。

この授業では、その答えを見つけるために、生物たちの世界を観察してみることにしましょう。

そもそも、どうして、自然界には、たくさんの種類の生き物がいるのでしょうか。

まずは、そんな疑問に迫ってみることにしましょう。

オンリー1か、ナンバー1か

「世界に一つだけの花」（詞曲・槇原敬之）という歌に、次のような歌詞があります。

「ナンバー1にならなくてもいい。もともと特別なオンリー1」

この歌詞に対しては、大きく二つの意見があります。

一つは、この歌詞の言うとおり、オンリー1であることが大切という意見です。何もナンバー1にだけ価値があるわけではありません。私たち一人ひとりが特別な個性ある存在なのだから、それで良いのではないか。これはもっともな意見です。

一方、別の意見もあります。

そうは言っても、世の中は競争社会です。オンリー1で良いと満足してしまっては、努力する意味がなくなってしまいます。世の中が競争社会だとすれば、やはりナンバー1を目指さなければ意味がないのではないか。これも、納得できる意見です。

オンリー1で良いのか、それともナンバー1を目指すべきなのか。あなたは、どちらの考えに賛成するでしょうか？

じつは、生物たちの世界は、この問いかけに対して、明確な答えを持っているのです。

ナンバー1しか生きられない？

「ナンバー1しか生きられない」

じつは、生物の世界では、これが鉄則です。

理科の教科書には、ナンバー1しか生きられないという法則を証明する「ガウゼの実験」と呼ばれる実験が紹介されています。

旧ソビエトの生態学者ゲオルギー・ガウゼは、ゾウリムシとヒメゾウリムシという二種類のゾウリムシを一つの水槽でいっしょに飼う実験を行いました。

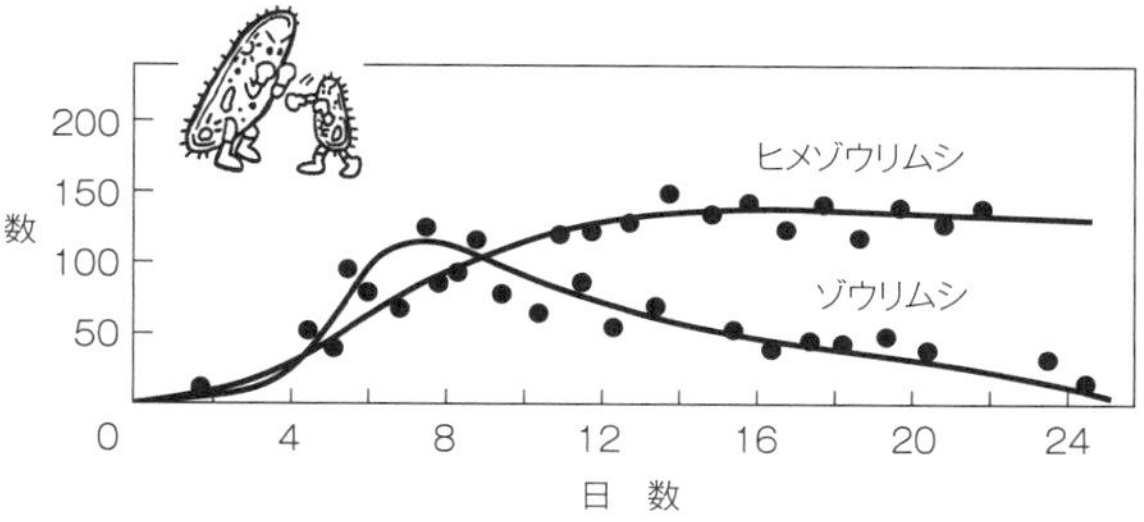

共存しない二種類のゾウリムシ

すると、どうでしょう。

最初のうちは、ゾウリムシもヒメゾウリムシも共存しながら増えていきますが、やがてゾウリムシは減少し始め、ついにはいなくなってしまいます。そして、最後には、ヒメゾウリムシだけが生き残ったのです。

二種類のゾウリムシは、エサや生存場所を奪い合い、ついにはどちらかが滅ぶまで競い合います。そのため、一つの水槽に二種類のゾウリムシが共存することはできないのです。

「ナンバー1しか生きられない」

これが自然界の厳しい鉄則なのです。

競争は水槽の中だけではありません。

自然界は、弱肉強食、激しい競争や争いが日々繰り広げられている世界です。あらゆる生き物がナンバー1の座を巡って、競い合い、争い合っているのです。

しかし、不思議なことがあります。

自然界には、たくさんの生き物がいます。

もし、ナンバー1の生き物しか生き残れないとすれば、この世の中には、ナンバー1である一種類の生き物しか生き残れないことになります。それなのに、どうして自然界には、たくさんの種類の生き物がいるのでしょうか。

ゾウリムシだけを見ても、自然界にはたくさんの種類のゾウリムシがいます。

もし、ガウゼの実験のようにナンバー1しか生きられないとすれば、水槽の中と同じように、自然界でも一種類のゾウリムシだけが生き残り、他のゾウリムシは滅んでしまうはずです。しかし、自然界にはたくさんの種類のゾウリムシがいます。

これは、どうしてなのでしょうか？

オンリー1が生き残る

じつは、ガウゼが行った実験には、続きがあります。そして、この実験が大きなヒントとなるのです。

続きの実験では、ガウゼはゾウリムシの一種類を変えて、ゾウリムシとミドリゾウリムシという二種類で実験をしてみました。

すると、どうでしょう。

驚くことに、どちらのゾウリムシも滅ぶことなく、二種類のゾウリムシは、一つの水槽の中で共存をしたのです。

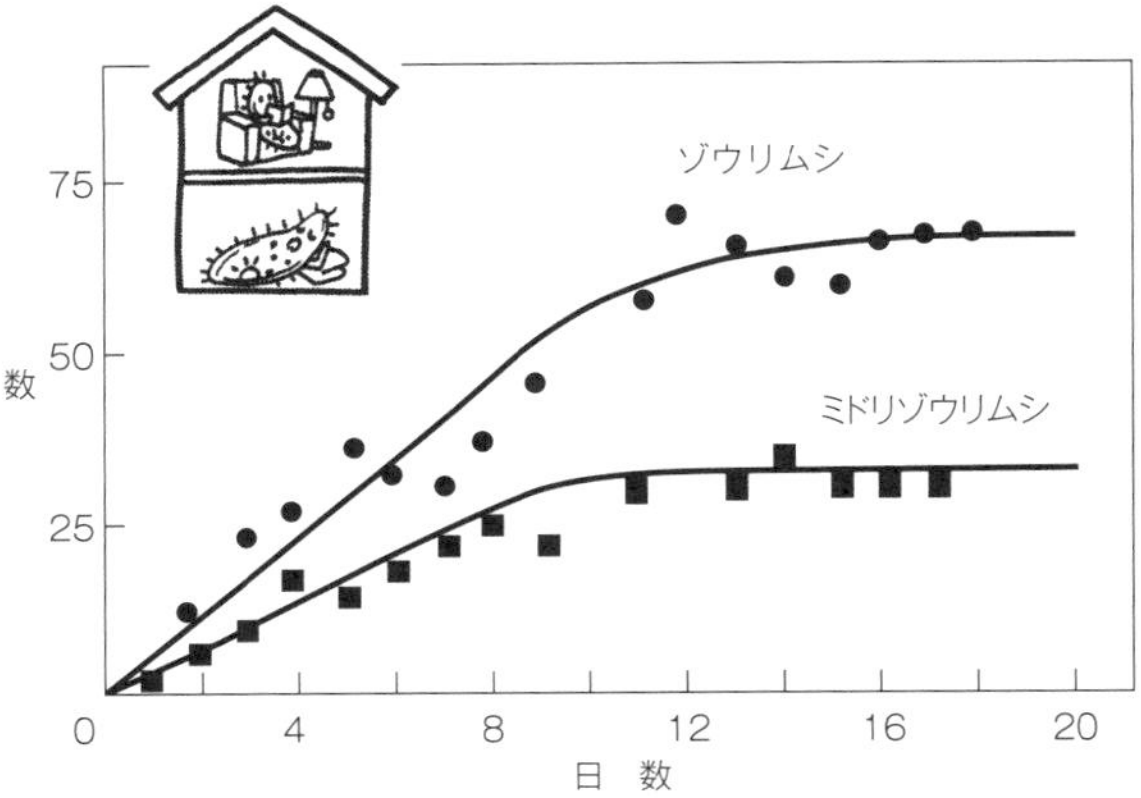

共存する二種類のゾウリムシ

これは、どういうことなのでしょうか。

じつは、ゾウリムシとミドリゾウリムシとは、違う生き方をしていました。

ゾウリムシは、水槽の上の方にいて、浮いている大腸菌をエサにしています。これに対して、ミドリゾウリムシは水槽の底の方にいて、酵母菌をエサにしているのです。

そのため、ゾウリムシとヒメゾウリムシのときのような争いは起きなかったのです。

「ナンバー1しか生きられない」

これは、間違いなく自然界の鉄則です。

しかし、ゾウリムシもミドリゾウリムシも、どちらもナンバー1の存在として生き残りました。

つまり、ゾウリムシは水槽の上の方でナンバー1、ミドリゾウリムシは水槽の底の方のナンバー1だったのです。

このように、同じ水槽の中でも、ナンバー1を分け合うことができれば、競い合うこともなく共存することができます。生物学では、これを「棲《す》み分け」と呼んでいます。

自然界には、たくさんの生き物が暮らしています。

つまり、すべての生き物は棲み分けをしながら、ナンバー1を分け合っています。

そのように、自然界に生きる生き物は、すべての生き物がナンバー1なのです。

自然界には、わかっているだけで一七五万種の生物が生存していると言われているのですから、少なくとも一七五万通りのナンバー1があるということになります。

ナンバー1になる方法はいくらでもあるということなのです。

ナンバー1になれるオンリー1のポジション

ナンバー1しか生きられない。これが自然界の鉄則です。

自然界に暮らす生き物は、すべてがナンバー1です。どんなに弱そうに見える生き物も、どんなにつまらなく見える生き物も、必ずどこかでナンバー1なのです。

ナンバー1になる方法はいくらでもあります。

この環境であれば、ナンバー1、この空間であればナンバー1、このエサであればナンバー1、この条件であればナンバー1……。こうしてさまざまな生き物たちがナンバー1を分け合い、ナンバー1しか生きられないはずの自然界に、多種多様な生き物が暮らしているのです。

自然界は何と不思議なのでしょう。

そして、ナンバー1はたくさんいますが、それぞれの生物にとって、ナンバー1になるポジションは、その生物だけのものです。すべての生物は、ナンバー1になれる自分だけのオンリー1のポジションを持っているのです。そして、オンリー1のポジションを持っているということは、オンリー1の特徴を持っているということになります。

つまり、すべての生物はナンバー1であり、そして、すべての生物はオンリー1なのです。

これが「ナンバー1が大切なのか、オンリー1が大切なのか？」という問いに対する自然界の答えです。

ニッチという考え方

ナンバー1しか生きられない。これが自然界の鉄則です。

しかし、ナンバー1になる方法はたくさんあります。

そして、地球上に棲むすべての生物は、ナンバー1になれるものを持っているのです。

このナンバー1になれるオンリー1のポジションのことを生態学では「ニッチ」といいます。

「ニッチ」という言葉は、もともとは、装飾品を飾るために教会の壁面に設けたくぼみのことです。

一つのくぼみには、一つの装飾品しか掛けることができないように、一つのニッチには一つの生物種しか入ることができません。

私たちのまわりには、たくさんの生き物がいます。弱そうな生き物もいます。人間と比べると、単純でつまらない存在に見える生き物もたくさんいます。しかし、すべての生物がナンバー1になれる自分だけのニッチを持っているのです。

ミミズだって生きている

「ぼくらはみんな　生きている」の歌詞で歌いだされる子どもたちに人気の唱歌「手のひらを太陽に（やなせたかし作詞・いずみたく作曲）」には、こんな歌詞があります。

ミミズだって　オケラだって　アメンボだって
みんな　みんな生きているんだ
友だちなんだ

ミミズもオケラも、アメンボも、けっして強い生き物には思えません。優秀な生き物にも思えません。

しかし、この生き物たちのニッチには、驚かされます。

ミミズは、肉食でも草食でもありません。土の中で生きています。土の中で土を食べる生き物の中でミミズは最強です。

じつは、手も足もないミミズは、ずいぶんと単純な生き物に思えるかもしれませんが、ミミズの祖先は、もともとは頭や移動のための足のような器官をもつ生物だったと考えられています。しかし、土の中で土を食べて生きるというナンバー1になるために、足を捨ててしまったのです。

オケラはどうでしょうか。

オケラはコオロギの仲間です。地面の上にはたくさんの種類のコオロギがいますが、地面の下で穴を掘って暮らしているコオロギなんて他にいません。それだけで、間違いなくナンバー1なのです。

アメンボはどうでしょう。

アメンボのニッチもすごいです。

何しろ陸の上でも、水の中でもありません。地上にはたくさんの生き物がいます。水中にもたくさんの生き物がいます。しかし、水面という範囲ではアメンボは最強の肉食昆虫です。

ミミズもオケラも、アメンボもみんなみんなすごいニッチを持っているのです。

場所が悪いのだ

「フレーム理論」というものがあります。

たとえば、あなたが魚だったとしましょう。水の中であればスイスイと泳ぎ回るあなたも、陸の上に上げられたとたんにピチピチとはねることしかできません。陸上ではどんなに歯を食いしばって努力しても、他の生き物のように陸の上を歩くことはできません。あなたにとって大切なことは、水を探すことなのです。

あるいは、あなたがダチョウだったとしましょう。ダチョウは世界最大の鳥です。あなたは、誰よりも強い脚力で速く走ることができます。太い足で蹴り上げるキック力は猛獣たちも恐れるほどです。しかし、どうして他の小鳥のように空を飛べないのかと悩み始めたら、ダチョウはとてもダメな鳥になってしまいます。ダチョウは陸の上で力を発揮します。飛ぼうとしてはダメなのです。

あなたは自分のことをダメな存在だと思うことがあるかもしれません。しかし、本当にそうでしょうか。あなたは陸の上でもがいている魚になっていないでしょうか。飛ぶことに憧れるダチョウになっていないでしょうか。

誰にも自分の力を発揮できる輝ける場所があります。ダメなのはあなたではなく、あなたに合わない場所なのかもしれません。

持っている力を発揮できるニッチを探すことが大切なのです。

ニッチがヒントを与えてくれる理由

勘違いしてはいけないのは、この時限で紹介した「ニッチ」という考え方は、モンシロチョウやアフリカゾウといった、生物の種の単位での話です。

人間という生物は自然界の中で確かなニッチを確立しているのですから、本当は私たち個人個人がニッチを探す必要などありません。

しかし、ニッチの考え方は、今まさに個性の時代を生きようとしている私たちにとっても、じつに参考になる話のように思えます。

人間は、「助け合う」ということを発達させてきました。助け合いを通して、さまざまな役割分担を行い、社会を築いてきたのです。

たとえば力の強い人たちは、獲物を獲りに狩りに行きます。目の良い人たちは、果物などの食べ物を探しに行きます。泳ぐのが得意な人は魚を獲り、手先の器用な人たちは道具を作ったり、調理の得意な人は食べ物を調理しました。神に祈る人がいたり、子どもたちの面倒を見る人がいたり、人間は古くから役割分担をしていたのです。そうした役割分担によって、人間社会は発達していきました。「得意な人が得意なことをする」、これが人間の作り上げた社会です。

人間の一人ひとりが、社会の中のさまざまなポジションで、さまざまな役割を果たすことは、さまざまな生物種が、生態系の中でそれぞれの役割を担っているのと同じです。

しかし、社会は高度に複雑になり、役割分担もまたわかりにくくなってしまいました。誰がどんな役割分担を担っているかもわからないし、社会の中で自分が得意なのは何なのかも、簡単には見出せなくなってしまったのです。

そのため、「ニッチ」という生物の種の基本的な考え方が、自分の社会的役割を再考するのに、とても参考になるのではないでしょうか。私はそう思います。

さあ、それではナンバー1になれるオンリー1のニッチを探してみましょう。

そうは言っても、ナンバー1になれるような場所がそんなに簡単に見つかるとは思えません。

次の時間には、ナンバー1になれるニッチの探し方を考えてみることにしましょう。

ナンバー1になる方法

ナンバー1になれるニッチを探すには、コツが二つあります。

一つ目は、小さくしぼりこむこと、

二つ目は、フィールドは自分で作ること、です。

商品を販売するマーケティングの世界では、「ニッチ」という言葉はすき間にある小さなマーケットの意味で使われます。

たとえば誰もが買うような人気の商品があります。その一方で、一部のマニアックな人しか買わないようなレアな商品があったとします。レアな商品は、たくさんは売れませんが、確実に買ってくれる人がいます。このような大きな市場のすき間に存在するような商品を「ニッチ」と呼びます。

生物学でいう「ニッチ」は、もともとはナンバー1になれる場所のことですから、小さくなければいけないということはありません。

小さなニッチもありますが、大きなニッチもあります。

しかし、ニッチはナンバー1になれる場所です。大きなニッチでナンバー1になり続けることは大変です。

たとえば陸上競技で考えてみましょう。

世界で一番足が速いというニッチには、世界でただ一人の人しかなることができません。しかも、すべてのレースに勝ち続けることは大変です。

それでは、少し範囲を狭めてみるとどうでしょう。

日本一足が速いというニッチにすれば、世界一よりは簡単です。学校で一番とか、クラスで一番というように範囲を狭めていけば一番になりやすくなります。

種目を絞るという方法もあります。一〇〇メートル走で一番とか、二〇〇メートル走で一番、一五〇〇メートル走というように種目を分けていけば、一番になりやすくなります。

しかし、そうは言ってもそんな方法でも一番になることは、大変です。「速く走る」という競技に参加する人は大勢います。そんな中で一位になるのは大変なのです。

もっともっとニッチを小さくしてみましょう。

たとえば、運動会ではバラエティに富んださまざまな種目があります。

障害物競争が一番速いというのはどうでしょう。網をくぐるのが一番だとか、平均台を渡るのが一番だというようにもっと分けてみてもいいでしょう。

あるいは、ぶら下がったパンを食べるパン食い競争やスプーンでボールを運ぶスプーンレースもあります。お題に沿ったものを借りてくる借り物競争というものもあります。

運動会は速く走る以外にも、さまざまなナンバー1が生まれるように工夫されています。

じつは、自然界の生き物もこのように条件を細かく設定することによってナンバー1になれるニッチを確保しています。

翻ってみると、すべての生物がこの地球上で、小さなニッチを分け合っているということもできるでしょう。

フィールドは自分で作る

ナンバー1になれるニッチを探す二つ目のポイントは「フィールドは自分で作る」です。

何も、すでにある分野で一番になることはありません。

たとえば、国語や数学などのすでに用意されている科目で一位になる必要はありません。一〇〇メートル走や学校のマラソン大会のような、すでに用意されている種目で一位になる必要もありません。テストの点とか、偏差値のように、既存の評価で競う必要もありません。

自分が一番になるための「ものさし」は自分で作ってしまえばいいのです。

『ドラえもん』に出てくるのび太くんは、もしもの世界を作ることができる「もしもボックス」というひみつ道具で、この世界とは価値観の違う世界を作っていきます。

眠ることに価値があるという世界では、のび太くんは、〇・九三秒で寝てしまうという世界記録レベルの早技で讃辞《さんじ》を受けました。

「あやとりのうまさがものをいう世界」をのび太くんが作った話『あやとり世界』では、得意のあやとりで彼は大スターとなりました。そして、家元となりたくさんの弟子に囲まれながら、あやとり大臣を目指すまでになったのです。

のび太くんは、射撃の名人としても知られています。その才能に目覚めたきっかけは、鼻くそを指ではじいて飛ばしていたことでした。

どんなことでもいいのです。小さなことでいいのです。

皆さんがナンバー1になるとしたら、どんな世界を「もしもボックス」にお願いしますか？

得意なことはあるけれど……

得意なことや、好きなことはあるけれど、ナンバー1になれるほどの自信がない。

そんなこともありますよね。

生物も同じです。そんなときの生物たちの戦略が「ニッチシフト」と呼ばれるものです。

生物は、ナンバー1になれるオンリー1のポジションを持っています。しかし、ニッチは永遠ではありません。

すべての生物がナンバー1になれるポジションを探しているのですから、他の生物とかぶってしまうことがあります。あるいは時代が変化し、環境が変わるとナンバー1でいられないときもあります。

そんなとき、生物たちは自分の得意なことを大切にしながら、その得意なことの周辺で、ナンバー1になれるフィールドを作れないか探していきます。

ハシブトガラスは、もともとは深い森に棲《す》んでいました。ところが現在、住宅地や都会の真ん中でゴミを漁《あさ》っています。複雑な森の環境の中を飛び回り、エサを探すという得意を活かして、ハシブトガラスは都会という複雑な環境を住処《すみか》にしているのです。

田んぼに暮らすカブトエビという生き物は、元々は砂漠に暮らす生き物です。砂漠はつかの間の雨が降り、水たまりを作りますが、やがて水たまりは干上がってしまいます。

カブトエビは、このわずかにできた水たまりの中で、卵から孵化《ふか》し、一気に成長を遂げて卵を産むというスピードを得意としています。田んぼは、豊かな水をたたえる環境ですが、夏になるとイネの生育を調整するために水を抜きます。田んぼが干上がってしまうとこのとき、多くの水の中の生物は、死んでしまいます。ところが、カブトエビはそれまでに卵を残し、生き残っているのです。

イワナは、きれいな川に棲む魚です。ところが、ヤマメという魚がいると、イワナは上流部の方に逃げてしまいます。ヤマメはイワナよりも強い魚です。しかし、イワナには「寒さに強い」という強みがあります。そのため、ヤマメが力を発揮できない水の冷たい上流部に移り棲むのです。

軸足は動かさずにしっかりと立ちながら、もう片方の足で立てそうな場所を探していくイメージです。こうして、「ナンバー1になれるオンリー1のポジション」を探し続けます。そして、「ナンバー1になれるオンリー1のポジション」を変えていくのです。

つまり、ずらしながらニッチを、探していくとも言えるでしょう。

皆さんの得意なこと、好きなことがナンバー1になれることではないかもしれません。

しかし、皆さんの得意なこと、好きなことの近くに、それはあります。それを探し続けるのです。

自分の好きなことではあるけれど、他の人に勝てないということもあるでしょう。たとえば、サッカーが好きでたまらないけれど、他の人よりうまくない。歴史が好きだけれど、歴史のテストでは良い点を取れない。そんなときは、「好きなこと」を軸にして、少しだけずらしてみます。

東進ハイスクールの林修先生は「大した努力をしなくても勝てる場所で、誰よりも努力をしなさい」と言います。まさに、これはナンバー1になれるオンリー1のポジションを見つける近道です。

もちろん、私たちは二一世紀を生きる人間ですから、単に自分が生き残るためにニッチを見つけるというだけでは、あまりに虚しいと思うことでしょう。

その通りです。

「好きなこと」、「得意なこと」、そして「人から求められること」、そんなニッチのヒントを探し当ててみましょう。そして、「小さなチャレンジ」を繰り返すのです。

小さなチャレンジについては、次の時間に考えてみることにしましょう。

「らしさ」で勝負する

「得意なこともない。好きなこともわからない。それでも、ナンバー1になれるニッチを探すにはどうすればいいのか」

そう思う人もいることでしょう。

じつは、ナンバー1になれるオンリー1のポジションを探す、とっておきの方法があります。

それが「自分らしさ」です。

「自分らしさ」というフィールドを勝手に作ってしまえば、自分がナンバー1に決まっています。自分らしさというフィールドは、オンリー1に決まっています。

ただし、問題もあります。

一時間目の最後に、「自分らしさとは何なのか？」と問いを出しました。

私たちは、誰もが個性ある存在です。何もしなくても、そのままで「自分らしさ」を持つ存在です。

しかし、「自分らしさ」と言われても、自分でもなかなかわからないものなのです。


ディズニー映画『アナと雪の女王』では、「ありのままの自分になるの（let it go）」と歌われた歌が大ヒットしました。

ビートルズの名曲、「Let it be」は「ありのままに」という意味のlet it beという歌詞が繰り返されます。

そんな歌が人々に受け入れられるということは、それだけ「ありのまま」であることが難しいということでもあるのです。

自分らしく、ありのままに、ってどういうことなのでしょう。

自分らしさって、いったい何なのでしょうか。

誰もゾウを知らない

ゾウはどんな生き物でしょうか。

「ゾウは鼻が長い動物である」そう答える人が多いかもしれません。しかし、本当にそうですか。

「群盲象を評す」というインド発祥の寓話《ぐうわ》があります。

昔むかし、目の見えない人たちが、ゾウという生き物について感想を言い合いました。鼻に触れた人は、「ゾウはヘビのように細長い生き物だ」と言いました。ある人は、牙に触れて「ゾウは槍《やり》のような生き物だ」と叫びました。そして、耳に触った人は、「ゾウはうちわのような生き物だ」と言いました。そして、太い足を触った人は「ゾウは木のような生き物だ」と言ったのです。

みんな正しいことを言っています。しかし、誰一人としてゾウの本当の姿がわからなかったのです。

私たちも目の見えない物語の人たちと、そんなに違いはありません。

「ゾウは鼻の長い動物である」

本当に、それがゾウのすべてですか。

それでは、キリンはどうでしょう。キリンは首が長い動物……ただ、それだけですか。

それでは、シマウマはどうでしょう。バクはどうでしょう。

ゾウは、一〇〇メートルを一〇秒くらいで走ります。人間のオリンピック選手くらいの速さです。

ゾウは足の速い動物でもあるのです。

ゾウは鼻が長いというのは、ゾウの一面でしかありません。

オオカミは恐ろしい動物と言われています。本当にそうでしょうか。

確かにオオカミはヒツジなどの家畜を襲います。しかし、オオカミは家族で生活をし、お父さんは家族のために獲ってきた獲物を、まず子どもたちに与えます。オオカミは家族思いのとってもやさしい動物でもあるのです。

あなたは丸？　それとも三角？

ある人は、その形を丸いと言います。ある人はその形を三角だと言います。別の人はその形を四角だと言います。

いったい、どれが本当なのでしょうか。

丸？　三角？　四角？

それは、どれも間違いではありません。

この形を見てください。

この形は、上から見れば丸く見えます。しかし、横から見れば、三角に見えます。別の方角からは、四角に見えます。

しかし、人は一方向からしか見ることができません。そのため、違った形に見えるのです。

人間も同じです。

あなたのことを「おとなしい人だ」と思う人がいるかもしれません、一方、あなたのことを「活発な人だ」と思う人もいるかもしれません。おそらく、そのどちらも本当です。

本当のところ私たちは、そんなに単純な存在ではありません。

しかし、人間はどうも一面を見て判断してしまいがちです。しかも、人間の脳は複雑なことは嫌いですから、できるだけ簡単に説明したくなります。

ゾウは鼻が長い動物で、キリンは首が長い動物、というような括《くく》り方で、あなたのことも「〇〇な人」と単純に納得したくなるのです。

それは、仕方のないことだというのも事実です。人間の脳は、あなたの複雑さなど理解したくないのです。

気をつけなければいけないのは、周りの人が一方向から見たレッテルを、あなた自身も信じてしまうことです。

たとえば「おとなしい子」と他の人が思ったのは間違いではないかもしれません。しかし、それは一面でしかありません。

それなのに、みんなが思ったとおり、「おとなしい子」があなたらしさだと勘違いしてしまうのです。そして「おとなしい子」でなければ自分らしくないと、「おとなしい子」になっていってしまうのです。

こうして、人は「自分らしさ」を見失っていきます。

〝本当の自分〟とは違う自分に苦しくなってしまうときもあります。

そして時に人は、〝本当の自分〟らしさを自ら捨ててしまうのです。

「らしさ」って何でしょうか。

それは、まわりの人たちが作り上げた幻想ではないでしょうか。

他にも自分らしさを見失わせる「らしさ」があります。

上級生らしく、中高生らしく、男らしく、女らしく、お兄ちゃんらしく、優等生らしく……。

私たちのまわりにはたくさんの「らしさ」があります。

そして、その「らしさ」は、上級生らしくすべき、中高生らしくすべき、男らしくあるべき、女らしくあるべき、お兄ちゃんらしく振る舞うべき、優等生らしく頑張るべき……という「べき」という言葉を必ず連れてきます。

確かに、社会が期待するような「らしさ」に従うことも必要です。

しかし、〝本当の自分〟らしさを探すときには、皆さんのまわりにまとわりついている「らしさ」を捨ててみることが必要なのです。

「らしさ」という呪縛を解いたときに、初めて自分の「らしさ」が見つかるのです。

もちろん、これは簡単な作業ではありません。

しかし「らしさ」を探し続けるのです。それが自分のニッチを見つけることでもあるのです。

それは思い出の中にある

皆さんは、赤ん坊のときは裸で生まれてきました。

しかし、その赤ん坊には、まわりの人たちがたくさんの衣服を着せていきました。それが「らしさ」です。

皆さんは、発育曲線という平均値が与えられ、その平均値より、大きいとか、小さいとか常に比べられました。他の子より発育が早いとか遅いとか、常に比較されました。「お兄ちゃんらしく」とか「年長さんらしく」と「らしさ」も与えられていきました。「この子は○○な子だ」とレッテルを貼られれば、それが「あなたらしさ」とされていきました。

こうして、たくさんの「らしさ」という服を着せられていきました。そして、それはまるでよろいのようにあなたをがんじがらめにして、動けなくしているのです。

自分らしさって何でしょうか。

あなたらしさって何でしょうか。

それを見つけ出すきっかけは、まだ「らしさ」という服をたくさん着せられていなかった頃のことを思い出すことかもしれません。

あなたが幼かった頃、好きだったものは何ですか。楽しかったことは何ですか。興味のあることは何ですか。楽しかった思い出は何ですか。印象に残っていることは何ですか。

自分らしさを見つけるためには、「らしさ」を捨ててみることも大切です。

そしてナンバー1になるニッチを見つけるためには、「べき」を捨ててみることが大切なのです。

図鑑どおりでなくていい

私は雑草と呼ばれる植物に心惹《ひ》かれます。

皆さんの中にも、「雑草魂」という言葉が好きだったり、「雑草軍団」と呼ばれるチームは応援したくなる人がいるかもしれません。エリートではないのに、頑張っている。雑草にはそんなイメージがあるかもしれません。

しかし、私が雑草を好きな理由は少し違います。

雑草は図鑑どおりではありません。それが何よりの魅力です。

図鑑には春に咲くと書いてあるのに、秋に咲いていたり、三〇センチくらいの草丈と書いてあるのに、一メートル以上もあったり、そうかと思うと五センチくらいで花を咲かせていたりします。まったく図鑑どおりではないのです。

人間にとって、図鑑は正しいことが書いてあるものです。「こういうものだ」「こういうのが平均的だ」と書いてあります。つまり、「こうあるべきだ」と書いてあるのです。

しかし、図鑑は人間が勝手に作ったものです。図鑑に書かれていることは、人間の勝手な思い込みなのかもしれません。植物にしてみれば、図鑑どおりでなければいけない理由はまったくありません。

雑草は、図鑑に書かれていることを気にせず、自由に生えています。そして自由に花を咲かせます。

図鑑に書かれていることと違うということは、植物を研究している私にとっては、とても面倒くさいことで、とても困ることです。しかし、人間が勝手に作り出したルールや「こうあるべき」という幻想にとらわれない雑草の生き方が、とても痛快で、少しうらやましくもあるのです。

どうして、雑草は図鑑どおりにいかないのでしょうか。

その理由は、八時間目の最初に解き明かすことにしましょう。

六時間目　「勝つ」とは何か?

おのおの花の手柄かな

九六ページで紹介したように、自然界の生き物はナンバー1でなければ生きていけません。

人間の世界であれば、ナンバー1でなくても、銀メダルや銅メダルもあるのに、何という厳しい世界なのでしょう。

しかし、本当にそうでしょうか。

江戸時代の俳人、松尾芭蕉《まつおばしょう》の俳句に、次のようなものがあります。

草いろいろおのおの花の手柄かな

ナンバー1でなければ生きていけない自然界なのに、たくさんの花が咲いています。それも、さまざまな色や形の花が咲き乱れているのです。

もし、これらの草花がナンバー1を互いに競い合っていれば、こんなにたくさんの花がいっしょに咲くことはできません。勝ち残った花だけが先、敗れ去った花は枯れてしまうからです。

しかし、そうではなく、たくさんの花が咲いています。

松尾芭蕉はそれを「おのおの花の手柄かな」と言いました。

それぞれの花ががんばった証《あかし》だというのです。

そうです。ナンバー1になる方法はいくらでもあるのです。隣の花と競わなくたって、ナンバー1になれるのです。

むしろ、たくさんの花がいっしょに咲いているということは、どの花も同じフィールドでは競い合っていないということなのです。

ナンバー1になるということは、花同士の間で、勝ったり、負けたりを競い合うことではないのです。

人間は勝ち負けが好き

それにしても、人間は勝ち負けが好きです。

五〇ページで紹介したように、人間の脳は区別し、比べることが大好きです。

人間の脳が、もっとも理解しやすい言葉が、「勝ち」と「負け」という言葉です。

勝ち組とか、負け組とか、人間の脳は勝ち負けにこだわります。

それは、人間の脳が並べて比較することを得意としているからです。勝ち負けは人間の脳にとっては、いかにもわかりやすく、いかにも心地よい指標なのです。

そして、勝負する相手がわからないとき、人間は自分たちが作りだした「平均」という幻を持ち出します。平均と比べて成績が高いとか、収入が高いとか、勝ち負けをつけたがるのです。

しかし、「勝ち」って一体何なのでしょうか。

そもそも、「平均より高い」ことが勝ちなのでしょうか。そこに意味があるのでしょうか。

「良い生活」というと、どんなイメージがあるでしょうか。

誰もがうらやむ高級なブランド品に身を包み、高級車を乗り回し、豪邸に住んで何不自由なく暮らす生活を思い浮かべるかもしれません。

それでは、「幸せな生活」といえば、何を思い浮かべるでしょうか。家族や友人に囲まれて、ストレスなくゆったりとした気持ちに満ちあふれた生活を思い浮かべないでしょうか。

幸せに勝ち負けはありません。幸せに平均もありません。

あなたが楽しく満たされていれば、それでいいのではないですか。

競争がすべてではない

生物はナンバー1になれるオンリー1のポジションを持っています。

誰にも負けない自分の得意を存分に活《い》かして、自分の地位を確保しています。

激しい競争が行われている自然界ですが、そんな中で、生物はできるだけ「戦わない」という戦略を発達させています。ナンバー1になれるオンリー1のポジションがあれば、そんなに戦わなくても良いのです。

とはいえ、現代社会を生きる私たちは、常に競争にさらされています。

運動会でも順位を競います。学校の成績で順位もつけられます。

生き物たちのように「戦わない」戦略に徹することはできません。競争から逃れることはできないのです。

しかし、生き物たちの世界は、競争に敗れれば滅んでしまう厳しい世界です。厳しい競争社会とはいえ、私たちの世界は、敗れても命を奪われるようなことはありません。

先にも書いたように、人間の脳は、一定のものさしを設けて、順位をつけたり、比較しなければ理解することができません。だから、そんな脳を持つ人間の世界では、競争がなくなることはありません。

「戦いたくない」と思っても、皆さんは常に競争と戦いの土俵に上げられてしまいます。

それは仕方がないことです。その土俵で努力しなければならないのも仕方のないことなのです。

しかし大切なことは、そんな競争がすべてではないということです。

競争に負けたからといって、あなたの価値が損なわれることはまったくありません。戦いに敗れたからといって、あなたが劣っているわけではありません。それは、あなたの能力が発揮できない土俵だったというだけですし、その程度の土俵だったというだけです。

そんな競争に苦しむくらいだったら、土俵から降りても構いませんし、逃げ出しても構いません。

四時間目にお話しした「ニッチ」の話を覚えていますか。

ニッチとはナンバー1になれるオンリー1のポジションのことでした。誰かが用意してくれた競争の場が、あなたにとってニッチであることは稀《まれ》です。大切なことは、どこで勝負するかです。

そのニッチで勝負することができれば、それ以外の場所では、全部負けてしまってもいいのです。

負けたっていい

古代中国の思想家・孫子という人は「戦わずして勝つ」と言いました。

孫子だけでなく、歴史上の偉人たちは「できるだけ戦わない」という戦略にたどりついているのです。

偉人たちは、どうやってこの境地にたどりついたのでしょうか。

おそらく彼らはいっぱい戦ったのです。そして、いっぱい負けたのです。

勝者と敗者がいたとき、敗者はつらい思いをします。どうして負けてしまったのだろうと考えます。どうやったら勝てるのだろうと考えます。

彼らは傷つき、苦しんだのです。

そして、ナンバー1になれるオンリー1のポジションを見つけたのです。

そんなふうに「戦わない戦略」にたどりついたのです。

生物も、「戦わない戦略」を基本戦略としています。

自然界では、激しい生存競争が繰り広げられます。生物の進化の中で、生物たちは戦い続けました。そして、各々の生物たちは、進化の歴史の中でナンバー1になれるオンリー1のポジションを見出しました。そして、「できるだけ戦わない」という境地と地位にたどりついたのです。

ナンバー1になれるオンリー1のポジションを見つけるためには、若い皆さんは戦ってもいいのです。そして、負けてもいいのです。

たくさんのチャレンジをしていけば、たくさんの勝てない場所が見つかります。こうしてナンバー1になれない場所を見つけていくことが、最後にはナンバー1になれる場所を絞り込んでいくことになるのです。

ナンバー1になれるオンリー1のポジションを見つけるために、負けるということです。

学校では、たくさんの科目を学びます。得意な科目も、苦手な科目もあることでしょう。得意な科目の中に苦手な単元があるかもしれませんし、苦手科目だからと言ってすべてが苦手なわけではなく、中には得意な単元が見つかるかもしれません。学校でさまざまなことを勉強するのは、多くのことにチャレンジするためでもあるのです。

苦手でも少しやってみる

苦手なところで勝負する必要はありません。嫌なら逃げてもいいのです。しかし、無限の可能性のある若い皆さんは、簡単に苦手だと判断しないほうが良いかもしれません。

ペンギンは地面の上を歩くのは苦手です。しかし、水の中に入れば、まるで魚のように自由自在に泳ぎ回ります。アザラシやカバも、地上ではのろまなイメージがありますが、水の中では生き生きと泳ぎ始めます。まだ進化することなく、地上生活をしていた彼らの祖先たちは、まさか自分たちが水の中が得意だとは思いもよらなかったでしょうし、さらに自分たちの祖先が水中生活を得意としていたとは思わなかったことでしょう。

リスは、木をすばやく駆け上がります。しかし、リスの仲間のモモンガは、リスに比べると木登りが上手とは言えません。ゆっくりゆっくりと上がっていきます。しかし、モモンガは、木の上から見事に滑空することができます。木に登ることをあきらめてしまっては、空を飛べることに気がつかなかったかもしれません。

人間でも同じです。

サッカーには、ボールを地面に落とさないように足でコントロールするリフティングという基礎練習があります。しかし、プロのサッカー選手でもリフティングが苦手だったという人もいます。リフティングだけで苦手と判断しサッカーをやめていたら、強力なシュートを打つ能力は開花しなかったかもしれません。

小学校では、算数は計算問題が主です。しかし、中学や高校で習う数学は、難しいパズルを解くような面白さもあります。大学に行って数学を勉強すると、抽象的だったり、この世に存在しえないような世界を、数字で表現し始めます。もはや哲学のようです。計算問題が面倒くさいというだけで、「苦手」と決めつけてしまうと、数学の本当の面白さに出会うことはないかもしれません。

勉強は得意なことを探すことでもあります。苦手なことを無理してやる必要はありません。最後は、得意なところで勝負すればいいのです。しかし、得意なことを探すためには、すぐに苦手と決めて捨ててしまわないことが大切なのです。

一時間目にしたオナモミの話を覚えていますか？

オナモミは、早く芽を出したほうが良いとか、遅く芽を出したほうが良いとか、簡単に判断しませんでした。そして、オナモミはどうしたでしょうか。

そうです。オプションとして両方持っておくという方法を選択したのです。

これは得意だとか、これは苦手だとか、簡単に決めてしまってはもったいないことです。雑草のように、苦手なものもオプションとして捨てないことも大切なのです。

敗者が進化する

勝者は戦い方を変えません。その戦い方で勝ったのですから、戦い方を変えないほうが良いのです。負けたほうは、戦い方を考えます。そして、工夫に工夫を重ねます。負けることは、「考えること」です。そして、「変わること」につながるのです。

負け続けるということは、変わり続けることでもあります。生物の進化を見ても、そうです。劇的な変化は、常に敗者によってもたらされてきました。

古代の海では、魚類の間で激しい生存競争が繰り広げられたとき、戦いに敗れた敗者たちは、他の魚たちのいない川という環境に逃げ延びました。もちろん、他の魚たちが川にいなかったのには理由があります。海水で進化をした魚たちにとって、塩分濃度の低い川は棲《す》めるような環境ではなかったのです。しかし、敗者たちはその逆境を乗り越えて、川に暮らす淡水魚へと進化をしました。

しかし、川に暮らす魚が増えてくると、そこでも激しい生存競争が行われます。戦いに敗れた敗者たちは、水たまりのような浅瀬へと追いやられていきました。そして、敗者たちは進化をします。

ついに陸上へと進出し、両生類へと進化をするのです。

懸命に体重を支え、力強く手足を動かし陸地に上がっていく想像図は、未知のフロ

陸上へ、両生類に

ンティアを目指す闘志にみなぎっています。

しかし最初に上陸を果たした両生類は、けっして勇気あるヒーローではありません。追い立てられ、傷つき、負け続け、それでも「ナンバー1になれるオンリー1のポジション」を探した末にたどりついた場所なのです。

やがて恐竜が繁栄する時代になったとき、小さく弱い生き物は、恐竜の目を逃れて、暗い夜を主な行動時間にしていました。と同時に、恐竜から逃れるために、聴覚や嗅覚などの感覚器官と、それを司《つかさど》る脳を発達させて、敏速な運動能力を手に入れました。そして、子孫を守るために卵ではなく赤ちゃんを産んで育児するようになりました。それが、現在、地球上に繁栄している哺乳類となるのです。

人類の祖先は、森を追い出され草原に棲むことになったサルの仲間でした。恐ろしい肉食獣におびえながら、人類は二足歩行をするようになり、命を守るために知恵を発達させ、道具を作ったのです。

生命の歴史を振り返ってみれば、進化を作りだしてきた者は、常に追いやられ、迫害された弱者であり、敗者でした。そして進化の頂点に立つと言われる私たち人類は、敗者の中の敗者として進化を遂げてきたのです。

生命の歴史を見れば、進化の原動力になったものは、常にニッチを探し求めた敗者たちのチャレンジだったのです。

進化する負け方

生物の世界はナンバー1しか生き残ることができません。激しく競い合い、争い合い、敗れ去って滅びた生き物もあります。

幸い、私たちの暮らす現代の人間社会は、どんなに競争社会とは言っても、そこまで厳しいことはありませんね。負けたからと言って、命を失うわけではありませんし、絶滅してしまうわけでもありません。ならば、恐れることなく、大きなチャレンジをしても良いかもしれません。

しかし生物の世界はそうではありません。負ければ命を奪われたり、滅んでしまうこともあります。現在、生き残ってきた生物は、負けることはあっても、致命的になるような大きな負け方はしてこなかったはずです。

負けることは変化するために効果的です。しかし、ただ負ければ良いというものでもないでしょう。あまりにダメージの大きい負け方をすれば、立ち直れなくなったり、大きな傷を負ってしまいます。

勝てそうか負けそうかを見極めて、負けると判断したら、無理せず負ける。そんな小さなチャレンジと小さな負けを繰り返すことが大切なのかもしれません。

自然界の動物たちは戦いません。戦いに負けることは滅びることを意味しているからです。

しかし、小さなチャレンジを繰り返します。

小さな勝ちを繰り返したり、次にチャンスがあるような負けを繰り返します。こうしてニッチを探し求めていくのです。

先祖の出会いに感謝する

皆さんは、お父さんとお母さんから生まれました。もし、皆さんのお父さんとお母さんが出会っていなければ、皆さんはこの世に生まれることはありませんでした。

別々の人生を歩んできた男の人と女の人が出会うということは、偶然以外の何ものでもありません。皆さんが、生まれてきたことは奇跡なのです。

皆さんのお父さんとお母さんにも、それぞれお父さんとお母さんがいます。皆さんにとっては、おじいさんとおばあさんです。おじいさんとおばあさんが偶然、出会うことがなければ、皆さんのお父さんもお母さんもこの世にはいません。もちろん、皆さんも生まれることはありません。

おじいさんやおばあさんにも、お父さんやお母さんがいます。

ひいおじいさんやひいおばあさんにも、お父さんやお母さんがいます。

このどの出会いがなくても、皆さんは生まれることはありませんでした。偶然に偶然が何度も重なった上で皆さんはこの世に生まれたのです。皆さんがこの世の中にいるということは、もうそれだけで奇跡なのです。

皆さんは先祖について考えることはあるでしょうか。

自分という奇跡の存在は、先祖たちの存在あってのことですね。もし先祖のことを考えるのであれば、それは今の自分を考えることにつながっているといえるでしょう。そ

偶然のピラミッド

して、自分がいかにかけがえない存在であるか、ということも、上の図で示した偶然のピラミッドをイメージすればわかってもらえると思います。

それだけではありません。

人間の祖先はかつてサルでした。サルからどのようにして人間が生まれたのかは現在研究途上ですが、皆さんの祖先であるサルにも父親と母親がいます。その父親と母親にも、両親がいます。サルからさらに遡れば、人間の祖先は小さな哺乳類でした。さらに遡れば、地上に上陸した両生類でした。さらに遡れば川に逃げ込んできた魚でした。何億年にも及ぶ命の営みの中で、もし、そのオスとメスとが出会って子孫を残してこなければ、あなたは生まれることはありませんでした。何億年にも及ぶ命のリレーの中で、どこか一つが違ってもあなたは生まれることはなかったのです。

こうして祖先たちから引き継がれてきたＤＮＡが、あなたの体の中にはあります。

そして、それは常に負け続けながらも、居場所を求め続けた敗者のＤＮＡといえるかもしれません。

七時間目　「強さ」とは何か？

弱いことが強さ

六時間目では、勝ちと負けということについて勉強しました。

皆さんは勝ちたい、負けたくない。弱いのは嫌だ、強くなりたい。そう思うことがあるかもしれません。

皆さんは、自分の中に弱さを見つけることがありますか？　弱い自分が嫌になることがありますか？

そうだとすれば、幸いです。

何しろ自然界を見渡してみれば「弱い生き物たち」が繁栄しているからです。「弱い」ことは成功の条件であるかのようです。

そんなバカな、と思うかもしれません。自然界は「弱肉強食」の世界です。強い者が生き残り、弱い者が滅びてゆくそんなイメージがあるかもしれません。

しかし、強い者が生き残るとは限らないのが、自然界のじつに面白いところなのです。

皆さんは強そうな生き物というと、どんな動物を想像しますか？

百獣の王ライオンや、猛獣のトラを思い浮かべるかもしれません。オオカミやホッキョクグマも強さでは負けていないかもしれません。あるいは、巨大な体のゾウやサイも強そうです。大空を飛ぶワシやコンドルも王者の風格があります。

ただ、これらの生物はどれも絶滅が心配されている生き物ばかりです。強そうな猛獣たちは、弱い生き物をエサにして生きています。これらの猛獣が一〇〇匹のネズミを食べているとします。その場合、ネズミが五〇匹に減ってしまえば、猛獣たちはエサがなくて死んでしまうのです。しかし、ネズミは五〇匹に減っても、五〇匹で生きていくことができます。

強そうに見える生き物が絶滅の危機にあるというのは、じつは弱い生き物に頼って生きているからと言えるでしょう。

雑草は弱い？

「雑草は強い」

皆さんには、そんなイメージがありませんか。

ところが、植物学の教科書には、雑草は強いとは書いてありません。それどころか、「雑草は弱い植物である」と説明されています。

しかし、私たちの身の回りに生えている雑草は、どう見ても強そうに見えます。もし、弱い植物であるのなら、どうして私たちの身の回りにこんなにはびこっているのでしょうか。

弱い植物である雑草が、どうして、こんなにも強く振る舞っているのか。どうやら、そこにこそ「強さとは何なのか？」を考えるヒントがありそうです。まずはその秘密を探ってみることにしましょう。

雑草は森の中には生えない

「雑草が弱い」というのは、「競争に弱い」ということです。

自然界では、激しい生存競争が行われています。弱肉強食、適者生存が、自然界の厳しい掟《おきて》です。それは植物の世界もまったく同じです。

植物は光を奪い合い、競い合って上へ上へと伸びていきます。そして、枝葉を広げて、遮蔽し合うのです。もし、この競争に敗れ去れば、他の植物の陰で光を受けられずに枯れてしまうことでしょう。

雑草と呼ばれる植物は、この競争に弱いのです。

野菜畑などでは、雑草は野菜よりも競争に強いように思えるかもしれません。確かに、人間が改良した植物である野菜は、人間の助けなしには育つことができません。そんな野菜よりは、抜いても抜いても生えてくる雑草の方が競争に強いかもしれません。

しかし実際のところ、自然界に生えている野生の植物たちは、そんなに弱くはありません。雑草の競争力などとても太刀打ちできないのです。

どこにでも生えるように見える雑草ですが、じつはたくさんの植物がしのぎを削っている森の中には生えることができません。

豊かな森の環境は、植物が生存するのには適した場所です。しかし同時に、そこは激しい競争の場でもあります。そのため、競争に弱い雑草は深い森の中に生えることができないのです。

もしかすると、森の中で雑草を見たという人もいるかもしれません。おそらくそこは、手つかずの森の中ではなく、ハイキングコースやキャンプ場など、人間が森の中に作りだした環境です。そういう場所には、雑草は生えることができます。

それは、雑草がある強さを持っているからなのです。

強さにはいろいろある

強くなければ生きていけない自然界で、弱い植物である雑草ははびこっています。これはなぜでしょう。

強さというのは、何も競争に強いだけを指しません。

英国の生態学者であるジョン・フィリップ・グライムという人は、植物が成功するためには三つの強さがあると言いました。

一つは競争に強いということです。

植物は、光を浴びて光合成をしなければ生きていくことができません。植物の競争は、まずは光の奪い合いです。成長が早くて、大きくなる植物は、光を独占することができます。もし、その植物の陰になれば、十分に光を浴びることはできません。植物にとって、光の争奪に勝つことは、生きていく上でとても大切なことなのです。

しかし、この競争に強い植物が、必ずしも勝ち抜くとは限りません。競争に強い植物が強さを発揮できない場所もたくさんあるのです。それは、水がなかったり、寒かったりという過酷な環境です。

この環境にじっと耐えるというのが二つ目の強さです。

たとえば、サボテンは水がない砂漠でも枯れることはありません。高い雪山に生える高山植物は、じっと氷雪に耐え忍ぶことができます。厳しい環境に負けないでじっと我慢することも、「強さ」なのです。

三つ目が変化を乗り越える力です。

さまざまなピンチが訪れても、次々にそれを乗り越えていく、これが三つ目の強さです。

じつは、雑草はこの三つ目の強さに優れていると言われています。

雑草の生える場所を思い浮かべてみてください。

草取りをされたり、草刈りをされたり、踏まれてみたり、土を耕されたり。雑草が生えている場所は、人間によってさまざまな環境の変化がもたらされます。そのピンチを次々に乗り越えていく、これが雑草の強さなのです。

実際には、地球上の植物が、この三つのいずれかに分類されるということではなく、むしろ、すべての植物が、この三つの強さを持っていて、そのバランスで自らの戦略を組み立てていると考えられています。

植物にとって競争に勝つことだけが、強さの象徴ではありません。一口に「強さ」と言っても、本当にいろいろな強さがあるのです。

強いものが勝つとは限らない

自然界は弱肉強食の世界です。

しかし、競争や戦いに強いものが勝つとは限らないのが、自然界の面白いところです。

競争や戦いをする上では、体が大きい方が有利です。

しかし、実際には小さい方が有利ということもたくさんあります。

大きな体は体自体を維持しなければなりませんし、何しろ目立ちますから、常にライバルに狙われて、戦い続けなければなりません。小さい体であれば、すばしこく逃げたり、物陰に隠れたりすることができます。大きいことが強さであるのと同じように、小さいことも強さなのです。

他にも例はあります。

動物の中でもっとも走るスピードが速いのがチーターです。

チーターの走る速度は、時速一〇〇キロメートルを上回ると言います。

一方、獲物となるガゼルのスピードは、時速七〇キロメートルしかありません。これでは、とてもチーターから逃げ切ることはできないように思えます。

ところが、これだけ圧倒的なスピードの差があるにもかかわらず、チーターの狩りは、半分くらいは失敗しているようです。つまり、ガゼルが、時速一〇〇キロメートルのチーターから逃げ切っているのです。

チーターに追われると、ガゼルは巧みなステップで飛び跳ねながら、ジグザグに走って逃げます。そして、ときには、クイックターンをして方向転換をします。

もちろん、走り方を複雑にすると、ガゼルも、本来の最高速度を出すことはできません。

しかし、まっすぐに走るだけではチーターのほうが速いに決まっています。チーターにはできない走り方をすることでガゼルがチーターに勝ってしまうのです。

人間も弱い生き物

自然界には、競争や戦いには弱くても、それ以外の強さを発揮してニッチを獲得している生き物がたくさんいます。

じつは、人間もその一つです。

人間は、学名をホモ・サピエンスという生物です。

人類の祖先は森を失って草原地帯に追い出されたサルの仲間だったと考えられています。肉食獣と戦える力を持っているわけではありません。シマウマのように速く走れるわけでもありません。弱い存在であった人類は、知能を発達させ、道具を作り、他の動物たちに対抗してきました。

知能を発達させてきたことは、人間の強さの一つです。

ですから、人間は考えることをやめてはいけないのです。

しかし、それだけではありません。

じつは、知能を発達させてきたのは、私たちホモ・サピエンスだけではありません。

人類の進化を遡ると、ホモ・サピエンス以外の人類も出現していました。ホモ・サピエンスのライバルとなったのがホモ・ネアンデルターレンシスの学名を持つネアンデルタール人です。

ネアンデルタール人は、ホモ・サピエンスよりも大きくて、がっしりとした体を持っていました。さらに、ホモ・サピエンスよりも優れた知能を発達させていたと考えられています。

ホモ・サピエンスは、ネアンデルタール人と比べると体も小さく力も弱い存在でした。脳の容量もネアンデルタール人よりも小さく、知能でも劣っていたのです。

しかし今、生き残っているのは、ホモ・サピエンスです。

私たちホモ・サピエンスはどうして生き残ることができたのでしょうか。そして、どうしてネアンデルタール人は滅んでしまったのでしょうか。

ホモ・サピエンスは弱い存在でした。

力が弱かったホモ・サピエンスは、先にも述べたように「助け合う」という能力を発達させました。そして、足りない能力を互いに補い合いながら暮らしていったのです。そうしなければ、生きていけなかったのです。

現代を生きる私たちも、人の役に立つと何だか満たされたような気持ちになります。知らない人に道を教えたり、電車やバスの席を譲ったりして、ありがとうと言われると、なんだかくすぐったいようなうれしい気持ちになります。それが、ホモ・サピエンスが獲得し、生き抜くために発揮した能力なのです。

一方、優れた能力を持つネアンデルタール人は、集団生活をしなくても生きていくことができました。しかし、環境の変化が起こったとき、仲間と助け合うことのできなかったネアンデルタール人は、その困難を乗り越えることができなかったと考えられているのです。

八時間目　「大切なもの」は何か？

雑草は踏まれても……

「雑草は踏まれても～」

こんな言葉をよく聞きます。「雑草は踏まれても□」

この空欄には、どんな言葉が入るでしょう。

もしかすると、あなたは、「立ち上がる」という言葉を思いついたかもしれません。

「踏まれても踏まれても立ち上がる」それが、雑草のイメージですよね。

しかし、それは間違いです。

じつは、雑草は踏まれると立ち上がらないのです。「雑草は踏まれても立ち上がらない」これが、本当の雑草魂です。

確かに一度踏んだくらいなら、立ち上がってくるかもしれません。しかし、何度も踏まれると雑草は立ち上がることはないのです。

何だか、情けないと思うかもしれません。「せっかく雑草のように頑張ろうと思っていたのに」とがっかりしてしまった人もいるかもしれません。

しかし、そうではありません。

じつは、踏まれたら立ち上がらないことこそが、雑草のすごいところなのです。

大切なことは？

雑草は踏まれたら、立ち上がりません。どうして、立ち上がろうとしないのでしょうか。

考え方を少し変えてみることにしましょう。

そもそも、どうして踏まれたら立ち上がらなければならないのでしょうか？

植物にとって、もっとも大切なことは何でしょうか？

それは花を咲かせて、種を残すことです。

そうだとすれば、踏まれても踏まれても立ち上がろうとするのは、かなり無駄なエネルギーを使っていることになります。そんな余計なことにエネルギーを割くよりも、踏まれながらも花を咲かせることのほうが大切です。踏まれながらも種を残すことにエネルギーを注がなければなりません。

だから雑草は、踏まれても踏まれても立ち上がるような無駄なことはしないのです。踏まれる場所で生きていく上で、一番大切なことは、立ち上がることではありません。踏まれたら立ち上がらなければならないというのは、人間の勝手な思い込みなのです。

もちろん、踏まれっぱなしという訳ではありません。

踏まれて、上に伸びることができなくても、雑草は決してあきらめることはありません。横に伸びたり、茎を短くしたり、地面の下の根を伸ばしたり、なんとかして花を咲かせようとします。もはや、やみくもに立ち上がることなどどうでも良いかのようです。

雑草は花を咲かせて、種を残すという大切なことを忘れはしません。大切なことをあきらめることもありません。だからこそ、どんなに踏まれても、必ず花を咲かせて、種を残すのです。

「踏まれても踏まれても大切なことを見失わない」これこそが、本当の雑草魂なのです。

成長を測る二つの方法

植物の成長を測る方法に「草高《くさだか》」と「草丈《くさたけ》」があります。

この二つの言葉は、よく似ていますが、意味するところは違います。

草高は「根元からの植物の高さ」を言います。一方、草丈は「根元からの植物の長さ」を言います。

何だ、同じじゃないかと思うかもしれませんが、そうではありません。

確かに上に伸びる植物にとっては、草高と草丈は同じです。しかし、踏まれながら横に伸びている雑草はどうでしょうか。横に伸びてゆくので、草丈は大きくなっても、上に伸びることはないので、草高はゼロのままです。

アサガオが二階まで伸びましたと喜んでみたり、もうこんなに伸びたからそろそろ草を刈ろうかと言ってみたり、人間は、植物の成長を「高さ」で測りたがります。それが一番、簡単な方法だからです。

しかし、まっすぐ上に伸びることだけが成長ではありません。

身の回りの雑草を見てみてください。

みんな曲がったり、傾いたりしながら成長しています。まっすぐに伸びている雑草は一つもないのです。

それでも高さで測るしかない

横に伸びたり、斜めに伸びたり、何度も曲がったり、雑草の伸び方はそれぞれです。そんな複雑な成長を測ることは大変です。そのため人間は、植物を「高さ」で評価します。人間の持っているものさしは、まっすぐなものさしです。そのため、まっすぐな高さで測ることしかできないのです。

「高さで評価される」ということは、皆さんにとっては成績や偏差値という言葉が当てはまるかもしれません。「高さ」という尺度は大切な尺度です。「高さ」で測ることはダメなことではありません。成績は悪いより良いほうがいいに決まっていますし、成績が良い人はほめられるべきです。

しかし、それだけのことです。それはたった一本のものさしで測ったたった一つの尺度に過ぎません。大切なことは、高さで測れることは、成長を測るたった一つの尺度でしかないと知ることです。雑草の成長がそうであるように、「何が大切か？」を考えれば、「高さ」がすべてではありません。

まっすぐなものさしで、すべての成長を測ることはできません。そしておそらく、本当に大切なことは、ものさしでは測ることのできないものなのです。

踏まれて生きる

人々が行き交う歩道の隙間に、雑草が生えているのを見かけます。

あるものは茎を横に伸ばしていたり、あるものは大きくなることなく、身を縮ませています。そんな雑草を見て、何だかかわいそうと思ってしまうかもしれません。地べたで暮らす雑草たちを惨めに思ってしまうかもしれません。しかし、本当にそうでしょうか。

確かに他の植物たちが、天に向かって高々と伸びようとしているのと比べると、踏まれている雑草は成長していないように見えます。他の植物が高く高くと縦に伸びているのに、踏まれる場所の雑草は本当に縦に伸びることをあきらめてしまって良いのでしょうか。

植物が上に向かって伸びようとするのには、理由があります。

先にも説明しましたが、植物が成長をするためには、光を浴びて光合成をしなければなりません。光を浴びるためには、他の植物よりも高い位置に葉をつけなければなりません。もし、他の植物よりも低ければ、他の植物の陰で光合成をしなければならなくなります。有利に光合成をするためには、他の植物よりも少しでも高く伸びなければならないのです。

光を求める植物たちにとって、自分がどれだけ伸びたのかという絶対的な高さは、じつは重要ではありません。光を浴びるために大切なのは、他の植物よりも、少しでも高く伸びるという相対的な高さです。そして、他の植物よりも少しでも上に葉を広げようと上へ上へと伸びるのです。

植物たちはこうして激しい競争を繰り広げています。

踏まれる場所の雑草は、本当にこの競争に参加しなくても大丈夫なのでしょうか。

もちろん、大丈夫です。

よく踏まれる場所には、上へ上へと伸びようとする植物は生えることができません。上へ伸びても踏まれて折れてしまうからです。

そのため、草高がゼロの横に伸びる雑草も、小さな小さな雑草も、広げた葉っぱいっぱいに太陽の光を存分に浴びています。こんなに光を独占している植物は、他の場所ではなかなか見られません。

固さと柔らかさを併せ持つ

踏まれる場所に生える代表的な雑草に、オオバコがあります。

オオバコは漢字では、「大葉子」といいます。その名のとおり、大きな葉を持っているのが特徴です。その葉は見た目にはとても柔らかです。しかし、その葉の中には丈夫な筋がしっかりと通っています。だからオオバコの葉は、踏みにじられてもなかなかちぎれないのです。柔らかいだけでは簡単にちぎれてしまいます。柔らかさの中に固さがあるから、その柔らかな葉は丈夫なのです。

また、葉とは逆に、茎の外側は固い皮で覆われていて、茎の内部は柔らかいスポンジ状の髄が詰まっています。固いだけでは強い力がかかると耐えきれずに折れてしまいます。柔らかいだけではちぎれてしまいます。固さの中に柔らかさがあるから、その頑強な茎はしなやかで折れにくいのです。

「柔よく剛を制す」という言葉があります。この言葉は、剛（固いもの）よりも柔（しなやかなもの）が強いと解釈されることが多いですが、本当はそうではないようです。本来の意味は、「柔も剛もそれぞれの強さがあり、両方を併せ持つことが大切である」という意味だそうです。

踏まれるところに生える雑草の多くは、固さと柔らかさを併せ持った構造をしています。固いだけでも柔らかいだけでも踏みつけに耐えることはできません。固さと同時にしなやかな柔らかさを持ち、柔らかさの中にしっかりとした固さを持っている。それが踏まれて生きる雑草の強さの秘密なのです。

しかし、オオバコのすごいところは、それだけではありません。

踏まれることはつらいこと?

踏まれる場所に生える雑草にとって、踏まれることはつらいことなのでしょうか?

オオバコの例を見てみることにしましょう。

植物は種子をタンポポのように綿毛で飛ばしたり、ひっつき虫と呼ばれるオナモミやセンダングサのように他の動物にくっつけたりして、広い範囲に散布します。

オオバコはどうでしょうか。

オオバコの種子は水に濡《ぬ》れるとゼリー状の粘着液を出します。そして、靴や動物の足にくっつきやすくするのです。

こうして、オオバコの種子は人や動物の足によって運ばれていきます。車に踏まれれば車のタイヤにくっついて運ばれていきます。

こうなると、オオバコにとって踏まれることは、耐えることでも、克服すべきことでもありません。

踏まれなければ困るほどまでに、踏まれることを利用しているのです。道ばたのオオバコたちは、どれも、みんな踏んでもらいたいと願っているはずです。まさに逆境をプラスに変えているのです。

逆境をプラスに変えるというと、ポジティブシンキングのように、悪いことを良いこととして考えることかと捉えられがちです。

確かにマイナスのことをどのようにプラスに捉えるかは大切です。

しかし、単なるレトリックではなく、実際に雑草はより合理的に、より具体的に、マイナスを確かなプラスに変えているのです。

本当に大切な成長

踏まれた雑草は立ち上がりません。

踏まれた雑草は上にも伸びません。

そもそも、立ち上がらなければならないのでしょうか。

そもそも、上に伸びなければならないのでしょうか。

踏まれて生きる雑草を見ていると、そんなことを教えられます。

上に伸びることしか知らなければ、踏まれたときにポキンと折れてしまいます。

踏まれたままでもいいのです。

伸びる方向は自由です。横に伸びたっていいのです。

そして、本当は伸びなくたっていいのです。

上に伸びることができなくなったとき、横にも伸びることができなくなったとき、雑草はどんな成長をすると思いますか。


そうです。

雑草は下に伸びます。

根を伸ばすのです。

根を伸ばしても、見た目には成長していないように見えるかもしれません。しかし、見えないところで根が成長していきます。

根は植物を支え、水や養分を吸収する大切なものです。

人間も、「根性」や「心根《こころね》」という言葉を使います。

本当は、根っこが大事だと知っているのです。

昔の人たちは、大切に水をやっている野菜や作物が夏の日照りで枯れていくのに、どうして誰も水をやらない雑草が青々としているのだろうと不思議がりました。

水をもらっている作物と、誰も水を与えてくれない雑草では、根の張り方が違います。

つらいとき、耐えるとき、雑草はじっと根を伸ばします。

その根っこが、日照りになったときに、力を発揮するのです。

木と草はどちらが進化形？

大きな大木になる「木」という植物があります。道ばたに小さな花を咲かせる「草」と呼ばれる植物があります。

植物は、木になる「木本植物《もくほんしょくぶつ》」と、草になる「草本植物《そうほんしょくぶつ》」とに分かれます。

この木本植物と、草本植物とは、どちらが、より進化した形なのでしょうか。

幹を作り、枝葉を茂らせる木の方が、より複雑な構造に進化をしているように思えるかもしれませんが、そうではありません。じつは草の方がより進化をしているのです。

これはどういうことでしょうか。

木は何十年も何百年も生きることができます。長生きすれば大木となって一〇〇〇年以上も生きることができます。

一方、草は長くても数年、短ければ一年以内に枯れてしまいます。一〇〇〇年以上も長生きできる植物が、わざわざ進化を遂げた結果、寿命が短くなっているのです。

すべての生物は死にたくないと思っています。少しでも長生きしたいと思っています。一〇〇〇年生きられるのであれば、一〇〇〇年死なずにいたいと誰もが思うことでしょう。

それなのに、どうして植物は、短い命を選択して進化したのでしょうか。

命短く進化する

長い距離のマラソンレースを一人で走り抜くことは大変です。ましてや、山あり谷ありの障害物レースだったとしたら、どうでしょう。無事にゴールにたどりつくことは、簡単ではありません。

それでは、五〇メートル走だったらどうでしょう。一人でも全力で走ることができるのではないでしょうか。少しくらい障害が待ち構えていたとしても、ゴールは目の前です。何とかゴールにたどりつくことはできそうです。

テレビ番組などの企画で、オリンピックに出るようなマラソン選手と、短距離をバトンリレーして走る小学生の対決が行われることがあります。有名なマラソン選手も、全力疾走を繰り返す小学生のバトンリレーにはかないません。見事に小学生が勝利をすることも多いようです。

植物も同じです。

一本の木が一〇〇〇年の寿命を生き抜くことは簡単ではありません。途中で事故や災害があれば、枯れてしまうかもしれません。

一方、一年の寿命を生き抜く植物はどうでしょう。しっかりと天寿を全うできる可能性が高いことでしょう。

そのため、植物は寿命を短くしました。そして、五〇メートルを走り切ってバトンを渡すように、次々命を続けていく方法を選んだのです。

永遠であり続けるために

誰もが歳を取って死にます。

どんなに死にたくないと思っても、誰もが最後に死にます。人間だけではありません。どんな生き物も、動物も植物も、最後には死にます。自動車や電化製品が古くなるように、歳を取れば、体が古くなってしまうのは仕方がないと誰もが思っています。

しかし考えてみれば、私たちの体の細胞は常に生まれ変わって新しくなっています。肌の古い細胞は垢《あか》となって、常に新しい細胞が生まれています。私たちの体は日々生まれ変わり、生まれたばかりの細胞で作られています。赤ちゃんと変わらないピチピチした肌をしていてもおかしくないのです。

しかし、私たちの体はいつまでも赤ちゃんのような肌ではいられません。それは、私たちの体が歳を取って老いていくようにプログラムされているからなのです。そして、最後には自ら死ぬようにプログラムされているのです。

単純な構造の単細胞生物は、寿命がありません。細胞が二つに分かれて増えていきます。この繰り返しで、死ぬということはありません。永遠に生き続けることが可能なのです。

しかし、複雑に進化をした生物は、最後には死にます。「形あるものは必ず壊れる」と言われるように、この世に永遠であり続けることのできるものはありません。生き物もまた、永遠に生き続けることはできません。何千年も生き続ければ、その間にさまざまな事故や災害もあることでしょう。環境も変化します。古いものは、新しい時代に合わないこともあります。

そこで、生命は古いものを壊して、新しいものを作る仕組みを持つようになりました。つまり、年老いた者は死に、新しく生まれた子どもたちが次の世代を生きるのです。

親と子は似ているとはいっても、まったく同じ存在ではありません。常に新しいものを作り続けるのです。

こうして親から子へ、子から孫へと命を続けていくのです。

歳を取って、年老いた個体は最後には死にます。しかし、自分たちの命はなくなっても、次の世代が命を引き継いでくれます。

命は永遠に引き継がれていくのです。

生命は永遠であり続けるために、限りある命を生み出したのです。

そして、生命は次の世代にバトンを渡すために、与えられた区間を走り続けます。すべての生物は、限られた命を全うするために、全力で生き抜くのです。

生きることに力はいらない

雑草はさまざまな知恵と工夫で厳しい環境を生き抜いています。いや、すべての生物がさまざまな戦略を発達させて生きています。

「雑草ってすごいですね。脳もないのに、どうやってそんな生き方を考えだしたのでしょうか？」と聞かれることがあります。

考えなくても生きていくことはできます。

人間の手には五本の指があります。五本指が機能的だと、あなたが考えたわけではありません。目はいくつがいいだろうと考えなくても、あなたの目は二つです。

誰かが考えたわけではないのです。

赤ん坊は誰に教わらなくてもお乳を吸います。

やがて、誰かに励まされなくても、自分の足で立ち上がろうとします。そして、何度失敗しても、歩くことに挑戦をし始めるのです。赤ちゃんは「頑張らなければ」と歯を食いしばっているわけでも、血のにじむような努力をしているわけでもありません。

赤ちゃんはやがて子どもになります。子どもは成長して大人になります。大人は歳を経て老人になっていきます。

そこには何の意思もありません。何の努力もありません。

生きるってそれだけのことです。生きるために必要な力は、ちゃんと体に備わっています。

生きることに余分な力はいりません。生きることに何の努力もいらないのです。

しかし、ときに私たちは生きることに疲れてしまいます。生きることが嫌になったり、生きにくいと思ってしまうこともあります。

人間の脳は優秀な器官ですが、考えすぎるという欠点があります。そしてときどき判断を間違えてしまうのです。

皆さんのまわりを見てみてください。

生きたくないなんて思っている生き物は一つもいません。

脳が間違えたとき、皆さんの体の細胞を見てみてください。脳がどんなに生きる希望を失っても、私たちの髪の毛は伸びることをやめようとはしません。心臓も動き続けますし、肺も呼吸をやめようとはしません。

生きたくないなんて思っている生命はないのです。

空を見上げてみよう

生きているって不思議です。

生きるって何なのでしょうか。

落ち込んだとき、うつむいて歩いていると、道ばたの雑草たちが目に入ってきます。

道ばたの雑草の伸び方はそれぞれです。上に伸びているものもあれば、横に伸びているものもあります。小さなまま花を咲かせているものもあります。

そんな雑草たちを見ていて、ふと思ったことがあります。

雑草はどこを見て生きているでしょうか。

伸び方はそれぞれでも、どの雑草も太陽に向かって葉を広げています。
人間は横を向いて生活していますが、雑草は上を向いて生きています。
うつむいている雑草はないのです。

雑草のように空を見上げてみてください。
太陽が降り注いでいます。青い空が広がっています。白い雲が流れています。
おそらくは、それが雑草たちが見ている風景です。

そしてお日さまを見上げたときに、足の裏からわき上がってくるような力を感じたとしたら、それこそが雑草が感じている「生きる力」なのかもしれません。

あなたの身の回りを見てみてください。

たくさんの虫たちが、たくさんの鳥たちが、そして、たくさんの微生物たちが、そうやって生きています。

生きるって、ただ、それだけのことなのです。

今を生きる、与えられている今を大切に生きる。

生き物たちは、「今を生きること」の連続です。

「生きる目的がわからない」とか、「何のために生きるのか」などという生き物は一つもいません。そして、「生きるのに疲れた」とか、「死にたい」と思う生き物は一つもいないのです。

与えられた時間を精一杯大切に生きる。そして、命のバトンを次の世代に渡して死んでゆく。

それが生物にとって「生きる」ということです。

ただ、それだけのことなのです。


どんな生き物もそうやって生きています。生きるって単純です。


いや生きるってそれだけじゃない、とあなたは思うかもしれません。

生きることには、もっとうれしいことや楽しいことだってあるじゃないか、生きがいだってあるじゃないか、そう思うかもしれません。

そうだとしたら、それはとても幸せなことです。

わずかでも、生まれたことにそんな意味を見出せたとしたら、それはとてもすごいことなのです。

おわりに

「天上天下唯我独尊」という言葉があります。

ときどき、ヤンキーの皆さんが、特攻服に刺繍《ししゅう》したり、ペイントしたりしているので、何となくかっこいい言葉というイメージがあるかもしれませんが、この言葉は、もともと仏教の言葉です。

お釈迦《しやか》さまは、産まれてすぐに七歩歩き、この言葉を発したと伝えられているのです。

この言葉は、「自分が一番えらい」という意味にとられることがありますが、本当に意味するところは違います。

これは、「広い宇宙の中で、誰もがたった唯一の尊い存在である」という意味なのです。

つまり、私たちの個性が大切だと言っているのです。

私は、雑草を研究しています。

雑草は、バラバラであることを強みとしています。

そんな雑草の強さを知る私は、学生たちに対して「個性を強みにして、個性を伸ばしてほしい」と希望していました。

しかし、学生たちを指導する上で、まったくバラバラでも困ります。個性を大事にしたいと思いながらも、ある程度はまとまってほしいとも思っていました。つまり私のいう個性的は単に「勉強だけができる優等生ではない」ということであり、私がイメージする「個性的である」ところで、それなりにまとまってほしいと思っていたのです。

個性とは、人それぞれのものです。勉強ができる優等生であることも個性の一つです。個性にとって大切なことは、「その人らしさ」であり、それがバラバラであることです。

私が「個性」を強く意識するようになったのは、東京シューレ葛飾中学校を訪れたときのことです。この学校は、さまざまな理由で学校に行けなくなってしまった子どもたちが集まる学校です。

何も知らない私の勝手なイメージは、この学校に通うのは、学校の勉強についていけなかったり、友だちとのコミュニケーションが取れない子どもたちなのだろうというものでした。

しかし、その中学校で授業をさせてもらって、私は驚きました。

そこにいたのは、誰よりも深く物事を考えることができる子どもたちでした。誰よりもやわらかな発想を持つ子どもたちでした。誰よりも積極的に教師とコミュニケーションを取ることができる子どもたちでした。誰よりも前向きな好奇心を持つ子どもたちでした。

そこにいたのは、まるで優秀な子どもたちを選りすぐって集めてきたような、子どもたちだったのです。

この子たちがはみ出してしまうとしたら、そして、この子たちに居場所がないとしたら、私たち大人が作り出した社会は、一体、何なのだろうと深く考えさせられました。

この子たちは、水の中を自由に泳ぎ回れるのに、その水から遠ざけられている。

そして私は、陸の上に打上げられてピチピチと跳ねている魚の姿をそこに見たのです。子どもたちと話をしているときに、ある一人が私に向かってこう言いました。

「個性って作るものとか、伸ばすものじゃないんだよね。個性は出てきちゃうものだから」

個性とは何か、その明確な答えを私はまだ十分に知りません。個性は大事だと思いながら、やっぱり管理する立場としては、ある程度はそろってほしいと思ってしまうのです。

しかし、生物は個性ある存在として進化してきました。そして、すべての生物は個性を持つ存在です。

そうであるとすれば、個性に意味がないわけがありません。そして、個性が大切でないはずがないのです。

最後に本書を出版する機会を与えていただき、編集にご尽力いただいた筑摩書房の吉澤麻衣子さんに心から厚くお礼申し上げます。

日本音楽著作権協会（出）許諾第２３０２８５３－４０２号

ちくまプリマー新書

chikuma primer shinsho

ちくまプリマー新書353

はずれ者《もの》が進化《しんか》をつくる　生《い》き物《もの》をめぐる個性《こせい》の秘密《ひみつ》

二〇二〇年六月十日　初版第一刷発行
二〇二四年十月十日　初版第十一刷発行

著者　稲垣栄洋（いながき・ひでひろ）

装幀　クラフト・エヴィング商會

発行者　増田健史

発行所　株式会社筑摩書房
東京都台東区蔵前二‐五‐三　〒一一一‐八七五五
電話番号　〇三‐五六八七‐二六〇一（代表）

印刷・製本　中央精版印刷株式会社

ISBN978-4-480-68379-3 C0245 Printed in Japan